계절의 선물

문인영 지음

북하우스엔

'계절의 선물'을 나누세요

봄, 여름, 가을, 겨울… 사계절은 다양하게 그 모습을 바꾸어가며 순환합니다. 사람들은 오랜 옛날부터
계절에 맞게 지혜롭게 살아가기 위한 여러 가지 방법들을 이야기하곤 했지요. 그중에서도 계절을
온전히 느끼며 살아가는 가장 쉽고도 자연스러운 방법은 '계절에 맞추어 살아가기'일 것입니다.
계절이 바뀔 때마다 날씨에 적합한 옷으로 갈아입고, 바뀌는 풍경에 맞추어 계절감 있게 주변을
꾸미고, 제철에 나는 식재료로 소박한 나만의 요리 시간을 가지면서 말이에요. 누가 억지로 시키지
않아도 이렇게 자연스럽게 살아가는 과정 속에서 우리는 삶의 소소한 행복을 만들어내는 신비한 힘을
느끼게 됩니다.

'계절의 선물'은 이렇게 일상에서 얻은 나의 작은 행복을 주변 사람들과 나누고자 하는 마음입니다.
주변에서 쉽게 구할 수 있는 싱싱한 제철 식재료를 가지고 계절의 풍미와 영양을 가득 담은 요리를
만들고, 정성스럽게 포장해서 주변 사람들에게 건네보세요. 작고 소박한 선물이라도 주는 사람의
마음이 담기면 받는 이에게는 더할 나위 없이 큰 선물이 됩니다. 특히 계절의 분위기를 전하는 정성이
담겨 있는 요리이기에 더욱 소중하게 느껴지고, 맛도 특별하게 느껴진답니다.

모든 것의 시작인 봄에는 상큼한 봄의 기운을 듬뿍 담은 요리들을 준비해보세요. 홈메이드 요거트와
생블루베리, 아이싱 쿠키를 올린 컵케이크, 딸기 롤케이크 등 정성 들여 준비한 요리들이 나른한
봄날을 깨웁니다. 또 어버이날, 스승의날, 어린이날 등 기념해야 할 행사가 많은 5월의 봄날을 위해서는
받는 사람이 기뻐할 만한 작은 요리 선물을 준비해보세요.

무더운 여름에는 더위를 잊게 하는 청량감 넘치는 요리들을 준비해보면 어떨까요. 상그리아와
토마토 브루스게타, 천연 아이스크림, 완두콩배기 빙수 등이 여름의 상쾌함을 더합니다.
여름 캠핑을 떠나거나 텃밭에 나들이를 간다면 야외 바비큐 파티에 알맞은 간단한 영양쌈밥을
준비해보는 것도 좋아요.

가을에는 풍성한 식재료를 마음껏 뽐낼 수 있는 요리들로 넉넉한 마음까지 전달해봅니다.
늦가을 곶감을 넣은 수정과, 당근 케이크, 호박파이 등 짙은 가을색이 담긴 요리들이 가을의 정취를
느끼게 합니다. 만약 손수 만든 요리로 추석 선물을 준비했다면 최근 친환경 포장재로 각광받고
있는 보자기를 이용해 정성스러운 매듭으로 선물 요리를 마무리하고요.

겨울에는 크리스마스와 연말연시, 밸런타인데이의 흥겨움을 200% 만끽할 수 있는 스위츠 아이템이
제격입니다. 생초콜릿, 블랙 포레스트, 브라우니 등 달달한 요리들이 추위로 주춤할 수 있는 사람들의
마음을 달래줍니다. 감기에 걸리기 쉬운 때이니만큼 따뜻함을 전하도록 홈메이드 차와 배숙, 건강죽
등의 메뉴들을 준비해보는 것도 좋겠죠?

이렇게 '계절의 선물'에 담긴 요리들을 만들면서 일 년을 천천히 보내다보면 순환하는 계절이야말로
진정한 선물임을 깨닫게 될 거예요. 그리고 계절이 변해도 항상 내 옆자리를 지켜주는 고마운 사람들이
있다는 사실에 새삼스레 감사하게 됩니다.

contents

part 1 S p r i n g

봄의 소리, 빛깔… 그리고 기다림

계절이 주는 풍성함… 그리고 가을의 색깔

볼과 체
케이크 틀과 식힘망
주름 컵
고무주걱
거품기
체
계량컵
밀대
스패튤러

베이킹 기본 도구

선물로 가장 많이 만들게 되는 것이 쿠키나 케이크 같은 베이킹 아이템이에요. 그래서 쿠키나 케이크를
만들 때 자주 사용하는 기본 도구에 대해서 잘 알아두면 요리가 한결 편하고 즐거워진답니다.

계량도구

베이킹을 할 때 사용되는 계량도구로는 전자저울, 계량컵, 계량스푼이 있습니다. 베이킹은 아주 작은
차이로 완성물의 결과가 달라지므로 계량도구는 꼭 마련해두는 것이 좋습니다.

볼과 거품기 그리고 고무주걱

반죽을 만들 때 꼭 필요한 것이 바로 볼, 거품기 그리고 고무주걱입니다.
볼은 시중에서 쉽게 구할 수 있는 스테인리스 볼이나 유리 볼을 사용하면 됩니다. 다만 중탕을 할 때는
열이 잘 전달되도록 스테인리스 볼을 사용하는 것이 좋습니다. 거품기는 버터를 부드럽게 풀어주고
설탕이나 달걀을 섞을 때 사용합니다. 거품기를 사용할 때는 머릿부분에 가깝게 잡고 팔목을 가볍게
돌리면서 움직이면 쉽게 재료를 섞을 수 있습니다. 고무주걱은 가루재료를 가볍게 섞어줄 때 사용합니다.

체

베이킹을 할 때 가루재료를 체에 치는 이유는 덩어리진 가루를 골라내고 밀가루 속에 공기를 많이 집어넣기
위해서입니다. 공기가 안에 많이 들어가야 반죽이 잘 부풀기 때문이지요. 체는 가루재료를 칠 때 사용하는
큰 사이즈와 코코아가루 등을 뿌릴 때 사용하는 작은 사이즈를 준비하면 좋습니다.

케이크 틀과 식힘망

케이크 틀에는 원형 틀과 보통 무스 틀이라고 불리는 사각 틀이 있고, 파이를 구울 때는 파이 틀을
사용합니다. 본인이 만들고자 하는 케이크의 종류와 크기에 맞추어 준비하면 됩니다.
식힘망은 케이크에 프로스팅이나 아이싱을 하는 경우 필요한 도구입니다. 프로스팅을 올리거나
아이싱을 해줄 때는 구운 케이크를 충분히 식힌 후 작업을 해주어야 하기 때문입니다.

스패튤러

스패튤러는 케이크에 아이싱을 하거나 컵케이크에 프로스팅을 올릴 때 사용합니다.
스패튤러를 사용할 때는 손목에 힘을 빼고 자연스럽게 펴준다고 생각하고 발라주면 됩니다.

마음을 담은 선물 포장법 ◇◇◇◇◇◇◇◇

내 주변의 소중한 사람들을 위해 할 수 있는 일을 떠올려보세요.

지금 당장 해줄 수 없는 거창한 계획들은 그저 '마음'에 불과합니다.

하지만 서툰 솜씨여도 정성과 사랑을 담아 준비한 요리 선물은 '작은 실천'이 될 수 있어요.

나의 진심과 사랑의 온기를 작은 선물에 담아 상대에게 전해보세요.

빈 상자를 재활용해서 포장 박스 만들기

01 집에 있는 빈 상자를 준비한다.

05 상자 안쪽에 양면테이프를 붙이고 천을 안으로 꺾어서 고정시킨다.

02 천을 상자의 크기에 맞춰 자른 후 한쪽 모서리부터 고정시킨다.

06 상자 안쪽을 마무리할 천을 재단한다. 밑면과 옆면의 사이즈대로 천을 잘라서 양면테이프를 붙인다.

03 상자의 옆면에 양면테이프를 붙여 천을 고정시킨다.

07 상자 안쪽에 천을 붙여서 마무리해준다.

04 천을 양면테이프를 붙인 옆면에 돌려가며 붙여 잘 고정시킨다.

08 01~07과 같은 방법으로 뚜껑을 만들어서 상자를 완성한다.

마스킹 테이프와 스탬프를 이용해서 장식하기

01 바닥에 마스킹 테이프를 붙인 후 원하는 무늬의 스탬프를 찍는다.

02 스탬프를 찍은 마스킹 테이프를 내추럴한 느낌을 살려 자른 후 포장지에 붙여 장식한다.

태그를 이용해서 쇼핑봉투 장식하기

01 준비한 태그에 원하는 스탬프로 모양을 찍은 후 구멍을 내준다.

02 스탬프로 장식한 태그를 쇼핑봉투에 리본으로 매달아 장식해준다.

스티커를 이용해서 쿠키 장식하기

01 비닐봉투에 쿠키를 넣고 색이 있는 끈이나 리본으로 묶어준다.

02 빈티지 스티커를 골라 붙이거나 헝겊 테이프로 장식해 완성한다.

Spring
Part 1
봄

해마다 맞이하는 봄이지만 왜 매번 '봄'이라는 계절은 새삼스러운 걸까요.
대문을 나서면 한결 가볍고 따뜻해진 바람에 깜짝 놀랍니다.
창가로 들어오는 햇살은 더욱 깊어졌고요.
노란색과 분홍색, 하얀색 그리고 풀빛으로 이어지는 봄의 식물들을 보면
작은 탄성이 절로 흘러나옵니다.

통통 튀는 스프링처럼 매번 생동감 넘치는 하루를 만날 수 있는 것도 이때예요.
봄의 동물원, 아장아장 걷는 아가들과 분수대 밑을 점령한 아이들,
왁자지껄한 웃음소리, 하늘 위로 날아오르는 파스텔 색의 풍선,
푸른 잔디 위에서 듣는 감미로운 음악, 손깍지를 끼고 구름을 가려보기,
밤이면 더욱 짙게 퍼지는 아카시아와 라일락 향기….

봄을 떠오르게 하는 건 끝이 없습니다.
모두 달콤하고 감미롭고 기분 좋은 연상들이지요.

봄의 소리. 빛깔… 그리고 기다림

연초록의 풀잎들이 하루가 다르게 진한 풀빛을 머금는 것을 바라봅니다.
담을 타고 조금씩 길어지는 담쟁이들에게 작은 응원을 건네보아요.
"거칠거칠한 돌담 틈에서 건강하게 자라난 담쟁이들아, 조금만 더 힘을 내!"

봄은 갖가지 색과 모양, 향기를 지닌 꽃들을 만날 수 있어서 하루하루가 특별한 날들입니다.
하루 종일 꽃향기에 취해 들길을 천천히 거닐다보면
이 모든 것들이 계절이 나에게 보내는 선물인 것 같은 느낌이 들어요.

봄의 낭만적인 분위기를 완성하는 건 역시 피크닉 바구니와 함께하는 봄 소풍입니다.

바구니 속에는 입맛을 돋우는 홈메이드 요구르트와 생블루베리,

차에 곁들일 스콘과 작은 병에 담은 딸기잼을 함께 준비해도 좋을 거예요.

오월의 특별한 날들을 위해 정성껏 준비하는 요리 선물.

봄 요리의 키워드는 '감동'입니다.

받는 이뿐만 아니라 준비하는 이도 만드는 과정 속에서 새삼 고마움을 느낄 테니까요.

계절의 선물이 전달되는 순간,

두 사람은 잊을 수 없는 봄날의 추억 하나를 공유하게 됩니다.

비스코티는 이탈리아어로 '두 번 구웠다'는 뜻을 가진 쿠키입니다. 이름처럼 바삭한 맛을
살리는 게 중요하지만 잘못 만들면 이가 떨어져 나갈 것 같은 딱딱함만 남는 쿠키이기도 해요.
혹시 딱딱한 비스코티의 느낌이 별로였던 분들이라면 지금 소개하는 레시피를 따라서
만들어보세요. 겉은 바삭하고 속은 부드러운 이탈리아 비스코티의 참맛을 느낄 수 있을 겁니다.

크랜베리 피스타치오 비스코티

재료　밀가루 중력분 110g, 베이킹파우더 2g, 소금 약간, 무염버터 7g, 설탕 30g, 달걀 1개, 바닐라
에센스 약간, 건크랜베리 1/6컵, 피스타치오 1/6컵, 달걀물 약간

도구　볼 2개, 체, 거품기, 나무주걱, 종이호일

01　오븐은 190도로 예열해두고, 버터는 냉장고에서 꺼내어 실온에서 녹인다.

02　건크랜베리는 미지근한 물에 15분 정도 담궈 불려준 후 물기를 뺀다.

03　가루재료(밀가루, 베이킹파우더, 소금)는 체로 한 번 쳐서 골고루 섞어준다.

04　우묵한 볼에 실온에서 녹인 버터와 설탕을 넣고 거품기로 부드럽게 풀어준
후 달걀을 넣어 섞어준다. 그런 다음 바닐라 에센스를 넣어 섞는다.

05　04에 체에 쳐둔 가루재료를 넣고 나무주걱으로 가르듯이 저어 잘 섞은 후
크랜베리와 피스타치오를 넣고 다시 한 번 섞어준다.

06　도마에 덧밀가루를 살짝 뿌리고 반죽을 반으로 나눈 후 각각 직사각형으로
길쭉하게 모양을 잡아준다.

07　모양을 잡은 반죽을 종이호일을 깐 오븐 팬에 올리고 겉에 달걀물을 바른
후 설탕을 살짝 뿌려준다.

08　190도로 예열한 오븐에서 25분간 구워준 후 꺼내어 충분히 식혀준다. 충분
히 식었으면 1.5cm 두께로 일정하게 썰어준다.

09　자른 비스코티를 다시 오븐에 넣어서 150도에서 30분간 구워준다.

파스타와 피자, 덮밥 등 한 접시 요리에 잘 어울리는 상큼한 피클

피클은 주변 사람들에게 선물하기에 제격인 아이템입니다. 오래 두고 먹는 저장식품이라 상할
염려도 적고, 투명한 유리병에 넣어 정성스럽게 포장하면 보기에도 좋기 때문이지요. 올봄엔
건고추를 넣어 살짝 매콤한 맛을 살린 오이피클과 연근의 아삭한 식감을 제대로 살린 연근피클을
만들어 주변의 소중한 이들에게 건네보세요. 유리병 안의 피클이 사라질 때까지 정성스럽게 만들어
선물해준 고마운 이의 마음을 기억하게 될 거예요.

한 가 한 오 후 파 스 타 와 함 께

오이피클과 연근피클

오이피클

재료 오이 8개, 건고추 2개, 피클 소스(물 4컵, 식초 2컵, 설탕 2/3컵, 월계수잎 3장, 피클링 스파이스 2작은술, 소금 1큰술)

01 오이피클을 담을 병은 소독해서 준비한다.

02 오이는 깨끗이 씻어 물기를 제거한 후 위아래 꼭지부분을 잘라낸다.

03 건고추는 마른 행주로 표면을 깨끗이 닦는다.

04 피클 소스 재료를 모두 냄비에 넣고 팔팔 끓인다.

05 소독한 병에 오이와 건고추를 차곡차곡 쌓아 넣고 피클 소스를 부어준다.

06 일주일 정도 실온에서 숙성시킨 후 냉장고에 보관한다.

연근피클

재료 연근 2개, 물 2컵, 식초 1 1/3컵, 설탕 1/4컵, 소금 1/2작은술

01 연근피클을 담을 병은 소독해서 준비한다.

02 연근은 깨끗이 씻어 0.5cm 폭으로 썬 후 끓는 물에서 3분간 삶은 다음 꺼낸다.

03 분량의 물, 식초, 설탕, 소금을 냄비에 넣고 팔팔 끓인다.

04 소독한 병에 연근과 03을 넣고 밀봉하여 일주일 정도 실온에서 숙성시킨 후 냉장고에 보관한다.

◇◇◇◇◇◇ 나른한 주말 오후에는 봄날의 공원으로 산책을

왠지 나른한 주말 오후, 기운찬 활력을 만끽하고 싶다면 '봄날의 공원'은 어떨까요?
가까운 공원이라고 해도 몇 가지 먹을거리만 준비하면 멀리 소풍 온 것 같은 기분이 들 거예요.
한입에 쏙 들어가는 미니 샌드위치와 시원한 음료수를 준비하고 디저트로
상큼한 홈메이드 요거트와 생블루베리를 준비해보세요.
집에서 미리 만들어 차갑게 식힌 요거트에 산딸기와 생블루베리를 얹어 함께 떠먹으면 되니 정말
간편하답니다. 달콤한 맛을 좋아하는 아이들에게는 메이플 시럽을 살짝 첨가해주면 더욱 좋아요.
연초록빛 잔디 위에서 엄마와 함께 홈메이드 요구르트를 떠먹던 그날의 오후는
아이들의 기억 속에 오래도록 남을 소중한 추억이 됩니다.

아이들이 너무 좋아하는
홈메이드 요거트와 생블루베리

요거트를 만들 때에는 스테인리스 조리도구 대신 나무로 된 조리도구를 이용해주세요. 그래야 몸에 좋은 유산균이 죽는 것을 방지할 수 있습니다. 생블루베리 대신 냉동 블루베리를 이용할 경우에는 미리 냉동실에서 꺼내어 살짝 녹여주세요.

재료
(8인분)

우유 5컵, 마시는 플레인요거트 1병, 생블루베리 1컵, 산딸기 1컵, 메이플 시럽 약간

Recipe

01 유리병은 미리 소독해서 준비한다.

02 우유를 유리로 된 볼에 담아 중탕으로 따뜻하게 데운다.

03 따뜻하게 데운 우유에 마시는 요거트를 넣고 골고루 섞은 후 유리병에 담아 뚜껑을 덮는다.

04 냄비에 물을 넣고 팔팔 끓인 후 불을 끄고 03의 유리병을 넣어준 다음 냄비 뚜껑을 닫고 9시간 동안 그대로 두면 요거트가 완성된다.

05 완성된 홈메이드 요거트는 꺼내어 냉장고에 보관한다.

06 차갑게 식힌 요거트에 산딸기와 생블루베리를 얹고 취향에 따라 메이플 시럽을 섞어 먹는다.

봄 피 크 닉 에 빠 질 수 없 는
견과류 스콘과 딸기잼

봄날에는 야외에서 가벼운 티타임을 가져보세요. 뜨거운 홍차나 커피를 보온병에 담고 피크닉 기분을
더해줄 스콘과 딸기잼을 함께 준비해보면 좋겠죠. 스콘을 구울 때는 고소한 견과류와 상큼한 건과일을
넣어주면 맛뿐만 아니라 영양까지 더할 수 있답니다. 넉넉하게 구워서 티타임이 끝난 후 친구들에게
조금씩 나눠준다면 더욱 기억에 남는 봄날이 될 거예요.

재료 (12개)	밀가루 중력분 500g, 베이킹파우더 8g, 황설탕 15g, 소금 약간, 버터 150g, 달걀 2개, 우유 50g, 견과류와 건과일 150g, 우유 약간
도구	푸드 프로세서 혹은 믹서, 볼, 나무주걱, 밀대, 종이호일, 체

01 오븐은 180도로 예열해두고, 가루재료(밀가루, 베이킹파우더, 황설탕, 소금)는 체에 한 번 친다.

02 푸드 프로세서(믹서)에 가루재료와 잘게 깍둑썬 단단한 버터를 넣고 돌려준다. 2~3회 정도 돌렸다 멈췄다가를 반복하면서 가루형태로 만들어준다.

03 02에 우유와 달걀을 넣고 한 덩어리가 되도록 돌려준다.

04 어느 정도 반죽이 뭉치면 꺼내어 볼에 담은 후 견과류와 건과일을 넣고 주걱으로 골고루 잘 섞어준다.

05 덧밀가루를 뿌린 도마에 반죽을 올리고 밀대로 밀어 두께 3cm 정도의 원형으로 만든다.

06 05의 반죽을 8~10등분하여 종이호일을 깐 오븐팬 위에 올리고 겉에 우유를 살짝 발라준다.

07 180도로 예열한 오븐에서 18분 정도 색이 날 때까지 구워준다.

딸기잼

재료	딸기 3kg, 설탕 1kg

01 딸기는 깨끗이 씻어 꼭지를 따고 물기를 제거한다.

02 딸기를 반으로 잘라 냄비에 넣고 설탕과 함께 골고루 섞어 30분간 재운다.

03 냄비를 불에 올려서 02가 끓기 시작하면 약한불에서 잘 저어가면서 농도가 생길 때까지 끓여준다.

04 적당히 점성이 생기면 불을 끄고 소독한 병에 담아 냉장고에 보관한다.

색 다 른 맛 을 즐 길 수 있 는

검은콩 마들렌

카스테라처럼 부드럽고 촉촉한 맛에 조가비 모양을 한 마들렌은 오후의 홍차와 잘 어울리는 디저트입니다.
또 식사 초대를 받았을 때 답례용으로 준비해가면 좋은 아이템이에요. 촉촉하고 달콤한데다 식사 후에
하나씩 나누어 먹기에도 좋으니까요. 누구나 좋아하는 마들렌에 검은콩을 쏙쏙 박아 넣어 색다른 맛을
내보았어요. 영양까지 생각한 검은콩 마들렌은 어른들도 부담 없이 즐길 수 있는 웰빙 디저트입니다.

재료
(12개)
밀가루 박력분 30g, 베이킹파우더 2g, 미숫가루 70g, 버터 100g, 달걀 2개, 올리고당 100g,
우유 30g, 기름 약간

도구
마들렌 틀, 냄비, 볼 2개, 체

01 오븐은 190도로 예열해두고, 버터는 볼에 담아 중탕으로 녹인다.

02 또 다른 볼에 달걀을 넣어 잘 풀어준 후 우유와 올리고당을 넣어 다시 한 번 섞
어준다.

03 02에 한 번 체 친 가루재료(밀가루, 베이킹파우더, 미숫가루)를 넣어 덩어리
가 지지 않도록 섞는다. 만약 덩어리가 졌으면 체에 한 번 거른다.

04 03에 중탕으로 녹인 버터를 넣고 섞은 후 냉장고에 넣어 1시간 정도 그대
로 둔다.

05 마들렌 틀에 살짝 기름을 바르고 반죽을 80% 정도 채워준다.

06 190도로 예열한 오븐에 넣고 10~13분간 굽는다.

홈메이드 밀크 캐러멜

생크림과 우유를 듬뿍 넣어 부드럽고, 설탕과 꿀로 달콤함을 살린 홈메이드 밀크 캐러멜입니다.

봄 소풍 가는 아이의 배낭 앞주머니에 쏘옥 넣어주면 엄마의 센스와 정성이 느껴질 거예요.

한여름을 제외한 가을과 겨울에도 녹지 않아서 좋으니 사계절 두루 준비해보세요.

시중에서 판매되는 캐러멜과는 달리 몸에 좋지 않은 합성첨가물이 전혀 들어 있지 않은

수제 캐러멜이어서 언제 어디서나 인기 만점이랍니다.

재료 (30개)　생크림 1 1/2컵, 우유 3컵, 설탕 1/2컵, 꿀 1/4컵

도구　냄비, 사각 틀, 종이호일

01　커다란 냄비를 준비해서 생크림과 우유를 넣고 끓인다. 끓기 시작하면 설탕과 꿀을 넣고 골고루 저어준다.

02　불의 세기를 조절해가면서 10분 정도 계속 저어준다. 끓어오르면 불을 줄여서 저어주다가 다시 불을 세게 하는 식으로 계속 반복해준다.

03　더 이상 끓어오르지 않으면 약한불에서 농도가 생기도록 10분 정도 더 끓인 후 걸쭉해지면서 농도가 생기면 불을 끈다.

04　03를 종이호일을 깐 사각 틀에 높이 1cm 정도가 되도록 부어준다.

05　틀을 냉동실에 넣어 단단하게 굳힌 후 꺼내어 한입 크기로 썰어준다.

06　종이호일에 하나씩 낱개로 포장한 후 냉장보관한다.

달 지 않 아 어 버 이 날 선 물 로 좋 은

떡 팥 케이크

축축한 통조림 과일로 뒤덮인 생크림 케이크나 퍽퍽한 떡 케이크가 마음에 들지 않았다면 이번 어버이날

선물로 떡 팥 케이크를 준비해보세요. 어르신들이 좋아하는 팥을 주재료로 써서 기존의 케이크보다

많이 달지 않고, 마무리로 쑥찰떡을 케이크 위에 장식해서 전통적인 떡 케이크의 느낌까지 살렸답니다.

장식용 떡은 부모님이 평소 좋아하시던 다른 떡을 사용해도 괜찮아요.

스승의 날 감사의 마음을 담아

시나몬 크럼블 케이크

참치와 마요네즈, 우엉과 간장소스처럼 요리를 하다보면 왠지 어울리는 식재료들이 있어요.
지금 소개하는 시나몬 크럼블 케이크의 주재료인 사과와 시나몬도 그 가운데 하나입니다. 달콤한 사과의
맛에 향긋한 시나몬이 더해지면 그 풍미가 더욱 좋아지기 때문이지요. 언제나 우리 아이를 돌봐주시는
고마운 스승께 드릴 선물로 신선한 사과 향을 담은 시나몬 크럼블 케이크를 준비해보세요. 크럼블을
덧씌워서 더욱 정성스러움이 느껴집니다.

재료(지름 15cm 원형 틀 1개)
밀가루 박력분 80g, 설탕 80g, 버터 20g, 달걀 3개, 시럽 1컵(설탕 4큰술, 물 1컵, 레몬즙 약간),
생크림 2/3컵, 휘핑크림 2/3컵, 빙수용 팥 통조림 2/3컵, 쑥찰떡 1개
도구
지름 15cm 원형 틀, 종이호일, 스탠드믹서(핸드믹서), 볼 2개, 냄비, 스패튤러, 빵칼, 고무주걱, 체

01

오븐은 175도로 예열해두고, 버터는 중탕으로 녹인다.

02

볼에 달걀을 담고 스탠드믹서로 풀어준 후 설탕을 3번 정도 나누어 넣어가면서 거품을 내준다. 8자를 그렸을 때 모양이 3초간 유지되고 바닐라 아이스크림 색이 날 때까지 휘핑해주면 된다.

03

02에 한 번 체를 친 밀가루를 넣고 골고루 가볍게 섞어준 후 중탕으로 녹인 버터를 넣고 재빨리 섞어준다.

04

반죽을 종이호일을 깐 케이크 틀에 부은 후 175도로 예열한 오븐에 넣고 25분 정도 구워준다. 꼬치로 찔러보아 묻어나오는 것이 없으면 꺼내어 잘 식힌다.

05

볼에 휘핑크림과 생크림을 넣고 부드럽게 휘핑한다. 크림을 들어 올렸을 때 꼭지가 생겼다가 처질 정도의 상태가 되면 빙수용 팥을 넣고 다시 한번 골고루 섞어준다.

06

식힌 스펀지 케이크 시트를 빵칼로 윗면을 잘라내고 가로로 3등분한다.

07

스펀지 케이크 시트에 시럽을 촉촉하게 바른 후 05의 크림을 그 위에 올려 적당히 발라준다.

08

크림을 두 번 바른 후 윗면과 옆면에도 전체적으로 크림을 아이싱해준다. 마지막으로 쑥찰떡을 6등분하여 케이크 위에 장식한다.

시나몬 크럼블 케이크

재료(지름 18cm 원형 틀 1개)

크럼블 : 밀가루 중력분 140g, 황설탕 50g, 소금 0.5g, 버터 80g

케이크 : 밀가루 200g, 베이킹파우더 3g, 소금 0.5g, 버터 4큰술, 시나몬가루 0.5g, 설탕 75g, 달걀 1개, 생크림 3/4컵, 사과 2개

도구

지름 18cm 원형 틀, 종이호일, 스탠드믹서(핸드믹서), 볼 2개, 고무주걱

01

오븐은 175도로 예열해두고, 크럼블용 버터는 작게 깍둑썰기한 후 밀가루와 함께 골고루 비벼서 가루처럼 만든다.

02

01에 황설탕과 소금을 넣고 골고루 섞어서 보슬보슬한 소보루 가루처럼 만든다.

03

가루재료(밀가루, 베이킹파우더, 시나몬가루)는 체에 한 번 쳐서 골고루 섞는다.

04

볼에 케이크용 버터와 설탕, 소금을 넣고 스탠드믹서로 부드럽게 섞어서 크림 형태로 만든다. 거기에 달걀을 조금씩 넣어가며 다시 한 번 잘 섞어준다.

05

04에 생크림을 넣고 골고루 섞어준 후 체에 쳐둔 가루재료를 넣고 부드럽게 섞는다.

06

케이크 틀에 종이호일을 깐 후 완성된 반죽을 부어준다.

07

사과는 깨끗이 씻어 씨를 제거한 후 8등분하고 반죽 위에 올린다.

08

마지막으로 크럼블을 올려주고 175도 오븐에서 45~50분 정도 구워준다.

상큼한 봄의 기운을 그대로 담은

딸기 롤케이크

봄의 과일 가운데 제일은 역시 딸기가 아닐까요? 달콤하고 향긋한 향에 자그마한 초록색 모자를 쓴 것 같은 딸기의 귀여운 모양새는 앙증맞은 봄의 느낌을 그대로 보여주는 것 같아요. 부지런히 딸기를 먹어야 하는 이 계절, 딸기 요거트와 딸기잼, 딸기 케이크, 딸기 주스 등 여러 가지 메뉴로 딸기를 적극 활용해보세요.

딸기 롤케이크 역시 빠질 수 없는 메뉴겠지요? 제철을 맞아 더욱 달콤한 딸기로 봄의 스위츠를 만들어보세요. 돌돌 만 롤케이크 속에 쏙쏙 박혀 있는 새콤달콤한 딸기가 봄의 생동감을 전해줍니다.

딸기 롤케이크

재료

케이크 시트: 밀가루 박력분 85g, 베이킹파우더 1g, 달걀 3개, 설탕 60g, 소금 약간, 시럽 1/4컵(메이플 시럽 4큰술, 물 1컵)

딸기 20개, 생크림 1컵, 휘핑크림 1/2컵, 설탕 1/4컵, 메이플 시럽 약간, 슈거파우더 약간

도구

30×40cm 정도 되는 넓은 사각 틀, 핸드믹서, 볼, 종이호일, 고무주걱, 체

01

오븐은 175도로 미리 예열해두고, 볼에 달걀을 넣고 곱게 풀어 설탕을 부어가면서 잘 섞어준다. 바닐라 아이스크림 색이 나올 때가지 믹싱해준다.

02

밀가루와 베이킹파우더, 소금은 체에 3번 쳐서 준비한다.

03

01의 반죽에 시럽을 넣어가면서 부드럽게 섞어준 후 02의 가루재료를 넣고 재빨리 섞어준다.

04

30×40cm 정도 되는 넓은 틀에 종이호일을 깔고 반죽을 높이 1cm 정도 되도록 넓게 깔아준 후 175도로 예열한 오븐에서 20분 정도 구운 후 식힌다.

05

볼에 생크림과 휘핑크림을 넣고 설탕을 조금씩 넣어가면서 꼭지가 생길 때까지 돌린다.

06

새 종이호일을 바닥에 깔고 잘 구워진 케이크 시트를 뒤집어서 그 위에 올린 후 시트를 떼어낸다.

07

케이크 시트의 겉면에 메이플 시럽을 듬뿍 바른 후 크림을 끝에서 3cm정도 남기고 바른 다음 딸기를 올려준다.

08

종이로 김밥 말듯이 단단하게 말아준 후 모양이 잡히도록 그대로 둔다. 롤케이크 위에 슈거파우더를 뿌린 후 3cm 폭으로 도톰하게 잘라낸다.

직접 만든 건강빵으로 시작하는 아침

두부 스프레드와 호밀빵

선물용으로 흔히 준비하는 잼과 케이크가 너무 달거나 자극적으로 느껴졌다면 이번엔 편안하고
부담 없는 맛의 스프레드와 빵을 준비해보세요. 담백한 맛을 좋아하던 분들에게 선물하면 200% 효과를
발휘한답니다. 잼 대신에 고소한 맛이 일품인 두부 스프레드를 준비하고. 케이크 대신에 자연의 에너지를
그대로 담은 소박하고 건강한 곡물빵을 굽습니다. 여럿이 모이는 야외 모임에서도 은근히 인기가 좋아요.

재료 두부 1모, 메이플 시럽 1/4컵, 레몬즙 1큰술, 카놀라유 1큰술, 소금 약간

01 두부는 키친타월로 꾹꾹 눌러 물기를 잘 뺀다.

02 두부를 믹서에 넣고 메이플 시럽과 레몬즙, 카놀라유, 소금과 함께 곱게 갈
아준 후 밀폐용기에 담아 냉장보관한다.

호밀빵

재료 호밀가루 900g, 드라이이스트 14g, 미지근한 물 4 1/2컵, 소금 4g, 덧밀가루 약간
도구 볼, 오븐, 팬

01 오븐은 220도로 미리 예열해둔다.

02 우묵하고 넓은 볼에 미지근한 물과 드라이이스트를 넣고 골고루 잘 섞어준다.

03 02에 호밀가루와 소금을 넣고 골고루 치대 반죽을 한다.

04 반죽이 다 됐으면 볼에 랩을 씌운 후 따뜻한 곳에 1시간 정도 두어서 부피
가 2배가 될 때까지 발효시킨다.

05 반죽이 발효되면 치대어서 3등분한 후 모양을 동그랗게 만들어준다.

06 만든 반죽을 오븐 팬 위에 올리고 물기를 짠 젖은 행주를 덮고 1시간 정도
더 발효시켜준다.

07 220도로 예열한 오븐에서 30분간 구워준다.

집들이 선물로 두고두고 칭찬받는
찬합 패키지

요리 선물로 밑반찬을 준비해가야 할 때가 있어요. 집을 나와 독립하는 친구의 집들이에 초대받았거나,
갓 결혼한 친구의 집에 찾아갈 때는 요란한 요리보다는 익숙하면서도 신경 써서 준비했다는 인상이
남는 찬합 패키지가 제격이랍니다. 정성이 돋보이도록 삼단 찬합을 준비해서 장조림, 장아찌, 두부선을
차례대로 담고, 찬합에 어울리는 심플한 보자기로 마무리해보세요. 함께 초대받은 사람들 모두에게
두고두고 칭찬받는 요리가 될 거예요.

소고기 장조림

재료 소고기 홍두깨살 1kg, 건고추 2개, 마늘 8개, 파 1대, 꽈리고추 20개, 조선간장 1컵, 설탕 1/2컵,
물 적당량

01 홍두깨살은 핏물을 빼고, 파는 껍질과 뿌리를 버리지 말고 그대로 깨끗하
게 씻어 준비한다. 홍두깨살과 파, 건고추, 마늘을 압력솥에 넣은 후 고기
가 충분히 잠기도록 물을 붓는다.

02 압력솥에서 추가 울리면 불을 줄이고 30분간 삶은 후 김이 빠지면 꺼낸다.

03 꺼낸 고기는 식힌 후 먹기 좋은 크기로 찢고, 육수는 깨끗한 면보에 한 번
거른다.

04 육수와 고기를 냄비에 넣고 조선간장과 설탕을 넣은 다음 약한불에서 물이
반 정도 줄도록 졸여준다.

05 고기에 맛이 배면 꽈리고추를 넣고 한소끔 더 끓여 밀폐용기에 담는다.

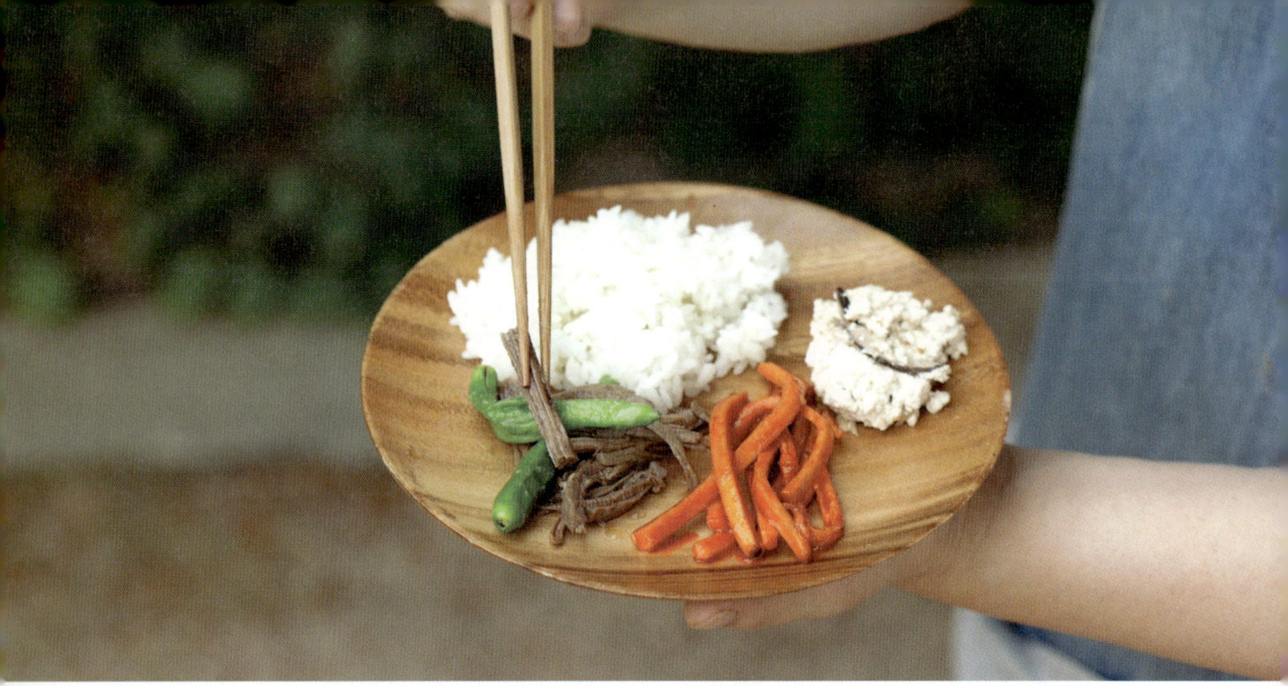

우엉 고추장 장아찌

재료　우엉 1뿌리, 고추장 8큰술, 식초 6큰술, 설탕 1큰술

01　우엉은 깨끗이 씻어 껍질을 살짝 벗긴 후 10cm 길이로 잘라 도톰하게 채 썬다.

02　볼에 고추장, 식초, 설탕을 넣고 잘 섞은 후 01의 우엉에 골고루 버무린다.

03　02를 밀폐용기에 담은 후 3일간 냉장고에서 숙성시킨다.

두부선

재료　두부 1모, 표고버섯 2개, 통깨 1큰술, 조선간장 2작은술, 참기름 1큰술

01　두부는 키친타월로 꾹꾹 눌러 물기를 잘 빼고 곱게 으깬다.

02　표고버섯은 살짝 물에 씻어 곱게 채 썬 후 참기름, 조선간장으로 간을 하고
　　마른 프라이팬에 볶아 식힌다.

03　두부와 표고버섯, 통깨를 골고루 섞어 그릇에 담은 후 찜통에서 10분간 찐다.

아이와 함께하는 요리 시간을 갖고 싶은데 마땅한 아이템이 없었다면 컵케이크가 제격입니다.
알록달록 모양도 제각각인 아이싱 쿠키를 올린 컵케이크는 만들기도 쉽고,
모양도 예뻐서 아이와 함께 즐겁게 만들 수 있지요. 요리 시간에는 어른용 외에 아이용 앞치마와
머릿수건을 하나 더 준비해서 함께 맞춰 입어보세요.
마치 쿠킹 클래스에 참가한 것처럼 집에서도 색다른 기분을 느낄 수 있어요.

컵케이크와 쿠키 만들기에서 가장 중요한 것은 반죽이랍니다.
아이에게 반죽을 맡긴 다음 뒷마무리는 꼭 어른이 직접 해주세요.
대신 컵케이크를 장식할 아이싱 쿠키의 모양을 낼 때는
아이가 상상력을 자유롭게 발휘하도록 해주세요. 쿠키의 모양은 아이들이 좋아하는
귀여운 동물이 좋겠지요? 조금 서투르거나 완성도가 떨어지더라도 그대로 구워주고,
컵케이크에도 아이가 직접 아이싱 쿠키를 꽂게 해주세요.
컵케이크 위에 올리는 프로스팅은 아이들이 동물과 함께 뛰노는 푸른 풀밭 느낌이
나도록 연두색으로 준비했어요. 풀밭 위에 앙증맞은 꽃 모양도 잊지 말아야겠죠?
컵케이크가 완성되면 하나씩 포장을 해서 아이의 주변 친구들에게 선물해보세요.

동물 모양 쿠키와 함께 동심의 세계로

아이싱 쿠키를 올린 컵케이크

재료
(12개)

밀가루 중력분 140g, 설탕 75g, 베이킹소다 2g, 베이킹파우더 0.5g, 소금 1g, 달걀 40g,
따뜻한 물 5큰술, 우유 60g, 포도씨유 30g, 바닐라 익스트랙트 0.5g
프로스팅: 생크림 2컵, 설탕 4큰술, 연두색 식용색소 약간

도구

머핀 틀, 지름 6cm 주름 컵, 핸드믹서, 볼, 짤주머니나 스패튤러, 고무주걱, 체

Recipe

01 오븐은 175도로 미리 예열해두고, 머핀 틀에 주름 컵을 끼워 준비한다.

02 가루재료(밀가루, 설탕, 베이킹소다, 베이킹파우더, 소금)는 체에 한 번 쳐준다.

03 볼에 달걀과 따뜻한 물, 우유, 포도씨유, 바닐라 익스트랙트를 넣고 골고루
섞은 후 02의 가루재료를 넣어 잘 섞어준다.

04 03의 반죽을 주름 컵에 2/3정도 채운 후 예열한 오븐에서 넣어 25분 정도
구워준다. 이쑤시개로 찔러보아서 아무것도 묻어나지 않으면 꺼내어 충분
히 식혀준다.

05 프로스팅을 만든다. 볼에 생크림과 설탕을 넣고 80% 정도 상태가 될 때까
지 휘핑한 후 연두색 식용색소를 넣고 골고루 섞어준다.

06 컵케이크가 완전히 식었으면 프로스팅을 짤주머니나 스패튤러를 이용하여
컵케이크 위에 올린다.

07 미리 만들어둔 아이싱 쿠키로 장식한다.

아이싱 쿠키

재료 밀가루 박력분 100g, 버터 40g, 설탕 40g, 달걀 1/2개, 바닐라 오일 1/4작은술, 소금 약간
아이싱: 달걀 흰자 1개, 슈거파우더 120g, 식초 약간, 식용색소, 꼬치

도구 핸드믹서, 밀대, 믹싱볼, 짤주머니, 고무주걱, 모양 틀

01 오븐은 미리 180도로 예열하고, 버터는 냉장고에서 꺼내어 실온에서 녹인다.

02 가루재료(밀가루, 설탕, 소금)는 체에 한 번 쳐서 준비한다.

03 말랑말랑해진 버터를 믹서로 풀어준 후 설탕을 조금씩 넣어가며 부드럽게 크림상태로 만들어준다. 반죽이 충분히 부드러워졌으면 계란을 넣고 다시 한번 섞어준다.

04 03에 바닐라 오일을 섞은 후 체 친 가루재료를 넣고 고무주걱을 이용하여 잘 섞는다.

05 반죽을 랩이나 비닐에 싸서 냉장고에서 10분 정도 휴지시킨다.

06 반죽을 3mm 정도의 두께로 얇게 민 후 모양 틀로 찍은 다음 꼬치를 꽂는다.

07 180도 오븐에서 10분 정도 굽는다.

08 아이싱을 만든다. 달걀 흰자가 하얗게 올라올 때까지 핸드믹서로 섞어준 후 슈거파우더를 넣는다.

09 08에 식초를 살짝 넣어 농도를 주고 비린내를 제거한다.

10 식용색소를 넣어 원하는 색상을 만든 다음 짤주머니에 넣어 쿠키 위에 예쁘게 그림을 그린다.

Summer
Part 2
여름

사계절 가운데 여름만큼 다양한 얼굴을 가진 계절이 있을까요?

점점 뜨거워지는 햇살을 피해 들어간 나무 그늘 속에서
한 줄기 신선한 바람으로 시작하는 초여름.
눈앞이 하얗게 아득해질 정도로 굵은 비가 쏟아져 내리는 여름 장마.
찌는 듯한 더위에 에어컨과의 24시간 동거를 선택하거나
아니면 일찌감치 시원한 바닷가로 바캉스를 떠나는 한여름.
그리고 8월 말, 처서를 즈음해서 다가오는 가을을 담은 바람과 한풀 꺾이는 더위.
언제 끝나지 싶은 삼 개월이 정말로 다양한 모습으로 다가왔다가
눈 깜짝할 사이에 그 모습을 감춥니다.

변화무쌍한 날씨만큼 여름의 요리 또한 우리에게 다양한 모습을 보여줍니다.
풍성한 여름 텃밭에서 갓 따온 채소로 요리하는 쌈밥과 별미 장아찌,
텃밭에서 갓 캐낸 포슬포슬한 감자의 맛과 영양을 담은 감자 케이크,
시원한 여름 디저트로 제격인 빙수와 천연 아이스크림,
거기에 입맛 없는 여름철에 상큼함을 더하는 레몬 머랭 타르트와 수제푸딩, 컵티라미수,
두고두고 먹을 수 있는 매실청과 오미자청 그리고 홈메이드 케첩과 땅콩버터까지….

모두 여름의 청량함을 일깨워주는 요리들입니다.
여러 사람과 나누어 먹거나, 두고두고 조금씩 꺼내 먹으면서
계절을 느끼기에 좋은 것들이지요.

여름의 결실… 그리고 나누어 먹는 즐거움

별들도 잠이 드는 한여름 밤, 더위를 잊기 위해 모인 친구들과의 조촐한 파티를 떠올려보세요.
여름밤의 낭만을 더할 상그리아를 한 잔씩 따라 손에 들고,
브루스게타나 파히타롤 같은 간편한 핑거푸드를 베어 먹는 즐거운 순간들….

여름의 요리는 나를 위한 즐거움이기도 하지만 모두를 위한 즐거움에 더 가깝습니다.
그래서 여름 요리의 키워드는 바로 '즐거움'이지요!

여럿이 모인 흥겨운 분위기를 더욱 빛내주는 작은 요리들 그리고 먹고 즐기며 나누는 마음.
오래도록 기억될 지금 이 순간, 무더운 여름이 자꾸 기다려지는 이유입니다.

파히타롤은 가장 잘 알려진 멕시코 요리 가운데 하나인데요. 빨간 살사와 초록색 구아카몰에 닭고기나
소고기를 올려 사워크림을 바른 뒤 토르티야를 통째로 돌돌 말아 먹는 음식입니다. 입맛에 따라 치즈를
가미해 고소하게 즐기거나, 고추를 넣어 매콤하게 즐길 수도 있지요. 파히타롤은 여러 명이 모였을 때
더욱 어울리는 요리이니, 여름철 가든파티에 색다른 느낌의 메인 메뉴로 준비해보세요.

여 름 철 가 든 파 티 에   제 격 인

구아카몰과 살사를 넣은 파히타롤

재료 토르티야 4장, 닭고기 가슴살 4쪽, 사워크림 4큰술, 소금, 후춧가루 약간씩
살사: 토마토 2개, 양파 1/3개, 바질잎 4장, 레몬즙 4큰술, 소금, 후춧가루 약간씩
구아카몰: 아보카도 1개, 라임즙 4큰술, 양파 1/4개, 고수 약간, 소금, 후춧가루 약간씩

01 살사를 만든다. 토마토는 꼭지와 안에 든 씨를 잘 제거하고 1×1cm 크기의
큐브 모양으로 썰고 양파는 다진다.

02 바질잎을 곱게 다진 후 후춧가루와 소금, 레몬즙을 넣고 섞은 후 01을 넣어
살사를 만든다.

03 구아카몰을 만든다. 아보카도는 깨끗이 씻은 후 반으로 갈라 씨를 제거하
고 껍질을 벗긴다.

04 03을 라임즙, 양파, 소금, 후춧가루와 함께 믹서에 넣고 곱게 갈아준 후 고
수를 넣고 한 번 더 갈아준다.

05 닭고기 가슴살은 소금과 후춧가루로 간을 한 후 프라이팬에 앞뒤로 노릇하
게 구워 속까지 잘 익혀준 다음 한 김 식혀서 채 썬다.

06 토르티야를 마른 팬에 넣고 따뜻하게 데운 후 사워크림을 바른다.

07 구아카몰과 살사, 채 썬 닭가슴살을 토르티야 위에 적당량 올리고 돌돌 말
아준다.

새콤한 레몬 타르트가 전해주는 여름날의 행복

그릇 모양의 틀 안에 자신이 좋아하는 재료를 가득 채워 넣어 따끈하게 구워 먹을 수 있는 타르트.
버터와 밀가루를 층층이 쌓아 페이스트리 반죽으로 구운 보통의 파이와 함께 만능 스위츠 아이템으로
사랑받고 있어요. 여름의 타르트로 투명한 레몬 필링에 익살스러운 머랭을 올려서
시원함과 상큼함이 느껴지는 레몬 머랭 타르트를 준비해보면 어떨까요?
더위에 지친 주변 사람들이 타르트 하나로 활짝 웃음 지을 수 있도록 말이에요.

<table>
<tr><td>재료</td><td>(지름 20cm 타르트 틀 한 판)</td></tr>
<tr><td></td><td>타르트 틀: 밀가루 박력분 200g, 버터 100g, 달걀 1개, 설탕 20g, 소금 약간, 물 2큰술,
바닐라 오일 1작은술</td></tr>
<tr><td></td><td>레몬 필링: 달걀 4개, 설탕 125g, 버터 80g, 레몬즙 100ml, 레몬 껍질 1개분</td></tr>
<tr><td></td><td>머랭: 달걀 2개, 시럽(설탕 100g, 물 30g)</td></tr>
<tr><td>도구</td><td>지름 20cm 타르트 틀, 푸드 프로세서, 볼, 거품기, 체</td></tr>
</table>

상큼함이 가득한 여름의 디저트
레몬 머랭 타르트

01 오븐은 180도로 미리 예열해둔다.

02 푸드 프로세서에 밀가루와 깍둑썰기한 버터를 넣고 곱게 갈아준다.

03 02에 달걀과 설탕, 소금, 물, 바닐라 오일을 넣고 한 덩어리가 되도록 돌려준다. 한 덩어리로 뭉쳐졌으면 꺼내어 골고루 섞어 반죽한 후 30분간 냉장고에서 휴지시킨다.

04 휴지시킨 반죽을 타르트 틀에 깔아준 후 180도 오븐에서 20분간 노릇하게 구워준다.

05 레몬 필링을 만든다. 냄비에 레몬즙, 버터, 레몬 껍질을 넣고 끓어오르면 풀어놓은 달걀과 설탕을 넣으면서 거품기로 잘 섞어준다.

06 05를 체에 한 번 내린 후 냄비에 다시 넣고 농도가 생길 때까지 중간불에서 계속 거품기로 저어준다. 어느 정도 농도가 생기면 체에 거른 후 물기가 생기지 않도록 랩을 크림에 붙여 식힌다.

07 타르트 틀 안에 식힌 레몬 필링을 넣어 채운다.

08 머랭을 만든다. 물과 설탕을 냄비에 넣고 끓기 시작하면 설탕이 녹을 때까지 끓여 시럽을 만든다. 달걀 흰자에 따끈한 시럽을 부어가면서 단단하게 머랭을 올린다.

09 레몬 필링을 넣은 타르트 위에 머랭을 올리고 토치로 모양을 내주거나 오븐에서 살짝 구워낸다.

완두콩으로 아삭아삭 시원한 빙수를 만들어보았어요.

여름이면 팥빙수 노래를 부를 정도로 팥빙수를 사랑하는 저이지만,

가끔은 평소 먹던 것과는 다른 색다른 빙수를 먹고 싶을 때가 있거든요.

그래서 고민고민하다가 만들어본 것이 이 완두콩 빙수예요.

집 근처 재래시장에서 갓 나온 완두콩을 사왔는데,

콩깍지 사이로 얼굴을 내민 동글동글한 완두콩들이 어찌나 귀여운지….

초등학교 때 읽었던 완두콩 다섯 형제 이야기가 떠올라 슬쩍 미소 짓게 되네요.

완두콩 빙수의 부드러운 맛을 강조하기 위해서는

먹기 전에 우유를 붓고 빙수 위에 달콤한 연유를 살짝 뿌려주면 좋습니다.

완두콩배기는 한 번 만들 때 넉넉하게 만들어서 냉장고에 보관하세요.

색다른 빙수와의 만남

완두콩배기 빙수

완두콩배기

재료　완두콩 1컵, 소금 약간, 올리고당 1/4컵

01　완두콩은 깨끗이 씻어 소금을 넣은 끓는 물에 넣고 삶는다.

02　완두콩이 잘 익으면 올리고당 1/4컵을 넣고 핸드믹서로 곱게 갈아준다.

완두콩배기 빙수

재료
(4인분)　완두콩배기 1컵, 우유 1컵, 연유 8큰술, 얼음 4컵, 다진 견과류(호두, 아몬드 등) 2큰술

01　얼음은 빙수용으로 곱게 갈아준다.

02　우묵한 그릇에 얼음을 담고 우유를 골고루 뿌려준 후 완두콩배기를 크게 퍼서 올린다.

03　완두콩배기 위에 연유를 살짝 뿌려준 후 그 위에 다진 견과류를 적당량 뿌려준다. 집에 허브가 있으면 살짝 올려 장식해준다.

여름날 가볍게 즐기기에 좋은 상그리아는 친구들과 여럿이 흥겨운 분위기 속에서 마시는 게 제격이죠.
혹시 여름밤의 모임에 초대받았다면 다른 건 몰라도 상그리아는 꼭 준비해보세요. 상그리아가 아직
조금 낯설다 하는 분들을 위해 집에서도 쉽게 만들 수 있는 정말 간단한 상그리아 레시피를 공개합니다.
여기에 간편하게 먹기 좋은 브루스케타까지 준비한다면, 그날의 V.V.I.P.로 손색이 없을 거예요.

여름날 친구들과 함께 즐기는 만찬

상그리아와 토마토 브루스게타

상그리아

재료 레드와인 1병(드라이 하지 않고 단맛이 있는 것), 오렌지 1개, 레몬 1개, 설탕 1컵, 소금 약간

01 오렌지와 레몬은 소금으로 문질러 깨끗이 씻은 후 얇게 슬라이스한다.

02 슬라이스한 오렌지와 레몬을 설탕을 뿌려가며 켜켜이 쌓아준다. 설탕이 녹고 과즙이 배어 나오도록 실온에서 3시간 정도 보관한다.

03 과즙이 흘러나오면 레드와인 한 병과 함께 골고루 섞은 후 냉장고에 보관한다. 맛이 잘 배도록 3시간 정도 숙성시킨 후 큰 병에 담아낸다.

토마토 브루스게타

재료 바게트 빵 12조각, 방울토마토 20개, 블랙 올리브 10개, 엑스트라버진 올리브오일 1/2컵, 사과식초 1/4컵, 소금 1/4작은술, 설탕 1/4작은술, 다진 마늘 1큰술, 후춧가루 약간, 바질잎 약간

01 바게트 빵은 마른 프라이팬에 노릇하게 굽는다.

02 방울토마토는 깨끗이 씻어 꼭지를 떼어내고 4등분한다. 블랙 올리브는 슬라이스한다. 바질잎은 작은 것으로 골라 이파리만 떼어낸다.

03 02와 엑스트라버진 올리브오일, 사과식초, 소금, 설탕, 다진 마늘, 후춧가루를 골고루 섞은 후 바질잎과 함께 골고루 섞어 30분간 재운다.

04 바게트 빵 위에 03을 듬뿍 올려낸다.

유월의 텃밭은 풍성한 결실이 시작되는 계절입니다.

집 근처의 주말 농장에 조그만 땅을 얻어서 올해 처음 텃밭 농사를 시작했어요. 아직 많이 어설프고,
배워야 할 것들도 많고, 잘하는 것보다 실수가 더 많지만 초보 농부에게도 자연은 풍성한 수확물을
전해줍니다.

아직 추위가 채 가시지 않은 4월 초, 텃밭에 제일 처음 심었던 감자를 캐보기로 합니다. 과연 이 안에
감자가 들어 있을까? 콩닥콩닥하는 마음으로 호미를 들고 살며시 땅을 파보았습니다.

마치 마술처럼 하나둘씩 튀어나오는 감자를 보며 어찌나 신기하고 고맙던지요.
마트에서 파는 감자처럼 알이 굵고 튼실하지는 않지만 내가 정성껏 물 주고 풀 뽑아가며 기른
특별한 감자라서 그런지 마냥 예뻐 보이기만 하네요. 겨우 감자 몇 알에 큰 행복이
넝쿨째 굴러들어온 기분이 듭니다. 소소한 일상의 행복을 느끼고 산다는 것이 이런 것이겠지요.

감자를 잔뜩 안고 집에 돌아와 무얼 만들어볼까 고민하다가 특별한 수제 케이크를 만들어
친구에게 선물하기로 했어요. 포슬포슬 달콤한 햇감자의 맛을 혼자만 맛보기엔 아까웠거든요.
친구에게도 잊지 못할 계절의 맛이 전해졌으면 좋겠습니다.

유월의 어느 오후 감자를 캐내며 풍성한 수확을 맛보았습니다.

그 자리에 이제 바질, 애플민트, 캐모마일의 향긋한 허브 향이 감돌 차례입니다.

포 슬 포 슬 영 양 이 가 득 한

감자 케이크

재료 (지름 18cm 무스 틀 한 판)

감자 700g, 생크림 150g, 설탕 20g, 소금 약간, 코코넛 슬라이스 100g

케이크 시트: 밀가루 박력분 16g, 아몬드가루 68g, 슈거파우더 60g, 계란 흰자 112g, 설탕 34g

도구 지름 18cm 무스 틀, 찜통, 볼, 종이호일, 거품기, 고무주걱, 체

Recipe

01 오븐은 180도로 예열해두고, 감자는 껍질을 벗기고 찜통이나 냄비에 찐다.

02 가루재료(밀가루, 아몬드가루, 슈거파우더)는 체에 한 번 쳐준다.

03 달걀 흰자는 거품기로 저어서 머랭을 만든다. 설탕을 3번 정도 나누어 넣어주고, 볼을 뒤집었을 때 흘러내리지 않을 정도로 단단하게 휘핑해주면 된다.

04 달걀 흰자가 뾰족하게 올라오면 02의 가루재료를 넣고 골고루 섞어준다.

05 케이크 시트를 만든다. 04를 지름 18cm 무스 틀에 넣고 평평하게 펴준다.

06 05를 180도로 예열한 오븐에 넣어 13분간 구워준다. 꼬치로 찔러보아 아무것도 묻어나지 않으면 오븐에서 꺼내어 식힌다.

07 코코넛 슬라이스는 종이호일을 깐 팬에 넓게 깐 다음 160도로 예열한 오븐에 넣어 10분 정도 구워준 후 충분히 식힌다.

08 찜통에 찐 감자를 볼에 넣고 주걱을 이용해 곱게 으깬다.

09 으깬 감자에 생크림과 설탕을 넣고 골고루 섞어준 후 소금으로 간을 한다.

10 06의 케이크 시트에 으깬 감자를 올린 후 냉장고에서 넣어서 30분 정도 식혀 굳힌다.

11 감자 케이크 위에 코코넛 슬라이스를 솔솔 뿌려준다.

텃밭에서 먹으니 더 맛있어!

쌈밥과 별미 장아찌

도시 농부, 주말 농장, 옥상 텃밭, 베란다 텃밭… 언제부터인가 이런 단어들이 주변에서도 심심찮게
들려옵니다. 텃밭농사를 더욱 재미있게 즐기는 방법! 바로 밭에서 갓 따낸 싱싱한 채소로 직접 요리를
해먹는 것이겠지요? 상추와 깻잎은 물론 근대, 케일, 호박잎 등 다양한 쌈채소와 함께 텃밭에서 즐기는
바비큐 파티는 여름에만 즐길 수 있는 호사입니다. 바비큐 파티에 직접 만든 쌈장, 그리고 참외와
고추장으로 만든 장아찌 등을 밑반찬으로 준비해보세요. 쌈채소를 보들보들하게 삶아서 여름날의 별미
쌈밥으로 만들어 먹어도 깔끔하고 좋아요.

쌈밥과 견과류 쌈장

재료　호박잎 20장 혹은 케일잎 40장, 밥 4공기, 소금 약간, 참기름 약간, 된장 4큰술, 고추장 4큰술,
다진 견과류(땅콩, 호두, 아몬드 등) 4큰술, 참기름 1작은술, 다진 고추 1큰술

01　밥은 소금과 참기름으로 양념한다.

02　호박잎은 반으로 자르고 케일잎은 깨끗이 씻어 줄기를 제거하고, 케일의
　　두꺼운 줄기 부분을 제거한 후 찜통에 넣고 부드럽게 찐다.

03　된장, 고추장, 다진 견과류, 참기름, 다진 고추를 넣고 골고루 섞어 쌈장을
　　만든다.

04　밥을 동그랗게 말고 가운데에 쌈장을 조금씩 넣은 후 케일잎이나 호박잎으
　　로 돌돌 말아준다.

참외 고추장 장아찌

재료   참외 4개, 고추장 1/2컵, 매실청 1/4컵

01 장아찌를 담을 병을 소독해둔다.

02 참외는 깨끗이 씻어 껍질과 씨를 제거한 후 손가락 굵기로 썰어 꼬들꼬들하게 말린다.

03 고추장과 매실청을 골고루 섞은 후 02의 참외와 함께 골고루 버무려준다. 소독한 유리병에 넣고 한 달 이상 냉장고에서 숙성시킨 후 먹는다.

고추 간장 장아찌

재료   오이맛고추 12개, 조선간장 1컵, 물 2컵, 식초 2/3컵, 설탕 1/8컵

01 장아찌를 담을 병을 소독해둔다.

02 조선간장, 물, 식초, 설탕을 냄비에 넣고 한소끔 끓인다.

03 고추는 깨끗이 씻어 물기를 제거하고 송송 썬다.

04 소독한 병에 고추를 담고 02의 간장소스를 부어 실온에서 3일을 둔다. 3일 후에 국물만 따라낸 후 한소끔 끓여 식힌 후 다시 병에 부어준다. 일주일 후부터 먹는다.

유난히 몸이 힘들어지는 여름철을 위해 피로회복에 좋은 매실청과 오미자청을 미리 준비해둡니다.
싱그러운 초록빛의 매실청은 소화촉진에 그만이고요. 신장에 좋고 몸속의 열을 내리며 갈증을 풀어주는
오미자는 자양강장 효과가 뛰어나서 예로부터 건강음료로 사랑받았습니다. 잘 익은 매실과 오미자에
숙성된 사랑을 담아 한여름 더위로 힘들어하는 이웃들에게 전해보세요.

여름철 피로회복에 좋은

매실청과 오미자청

매실청

재료 매실 3kg, 올리고당 3kg, 설탕 1컵

01 매실은 깨끗이 씻어 꼭지를 떼고 물기를 제거한다.

02 통에 매실과 올리고당을 켜켜이 담은 후 위에 설탕을 듬뿍 덮어준다. 세 달 정도 건조한 그늘에서 숙성시킨 후 걸러서 액만 따로 보관한다.

오미자청

재료 오미자 500g, 올리고당 500g

01 오미자는 까맣게 변한 것이나 알이 성치 않은 것을 골라낸다.

02 골라낸 오미자를 깨끗이 씻은 후 체에 밭쳐 물기를 제거하고 통에 붓는다.

03 오미자에 올리고당을 부은 후 서로 섞이도록 매일 저어준다. 여섯 달 정도 숙성시킨 후 걸러내서 액만 따로 보관한다.

사 랑 하 는 아 이 들 을 위 한 엄 마 의 마 음

홈메이드 토마토 케첩과 땅콩버터

아이가 있는 집에 항상 자리 잡고 있는 필수품이 토마토 케첩과 땅콩버터일 거예요. 누구나 좋아하는
두 가지 소스를 평범한 시판용이 아닌, 정성 가득한 홈메이드 요리 선물로 받는다면 더욱 특별하겠지요?
두 소스 모두 별도의 재료 없이 땅콩과 토마토가 가진 본래의 풍미를 최대한 살려 요리하는 게 맛의
포인트랍니다.

홈메이드 토마토 케첩

재료 완숙 토마토 3kg, 올리고당 1/2컵, 소금 약간

01 완숙 토마토는 깨끗이 씻어서 꼭지를 잘라내고 8등분한다.

02 냄비에 토마토를 넣고 푹 끓인다.

03 토마토가 푹 익으면 분량의 반 정도가 될 때까지 약한불에서 졸여준다.

04 토마토가 농도가 생길 정도로 적당히 졸여지면 올리고당과 소금을 넣어 간
   을 하고 믹서로 곱게 갈아준다.

땅콩버터

재료 땅콩 2컵, 카놀라유 2큰술, 소금 약간

01 땅콩은 껍질을 깐 후 프라이팬에 노릇하게 볶는다.

02 땅콩을 믹서에 넣고 갈다가 카놀라유와 소금을 넣고 곱게 갈아준다.

03 땅콩이 버터와 같은 상태가 될 때까지 갈아준다.

올 여름에는 홈메이드 아이스크림에 도전해보세요

각종 합성색소와 첨가물이 잔뜩 들어간 시판 아이스크림을 믿을 수 없어서 직접 아이스크림 만들기에
도전하고 있는 에코맘들이 늘어나고 있다고 해요. 아이스크림은 여름에 자주 찾게 되는 디저트이니만큼
한 번 만들어두면 손님을 초대했을 때나 평상시 아이들 간식 등으로 꺼내줄 수 있어서 여러모로
편리합니다. 영양이 풍부한 순두부를 이용해 바닐라 아이스크림처럼 하얀 두부 아이스크림을
만들어보세요. 아이들을 위해서는 메이플 시럽으로 살짝 단맛을 더해주면 좋습니다.

메이플 두부 아이스크림

재료
(12인분)

순두부 800g, 전분물 3큰술(전분 2큰술 + 물 1큰술), 메이플 시럽 6큰술, 설탕 2큰술,
소금 1/4작은술

01 순두부를 믹서에 넣고 곱게 갈아준다.

02 전분에 물을 넣고 골고루 섞어 전분물을 만든다.

03 곱게 간 순두부 1컵에 메이플 시럽을 넣고 골고루 섞은 후 설탕과 소금, 전
분물을 차례대로 넣어 골고루 섞는다.

04 03을 냄비에 넣고 농도가 생길 때까지 약한 불에서 5분 정도 타지 않도록
주의하며 저어준다.

05 04에 남은 순두부를 넣고 골고루 잘 섞어준다.

06 05를 밀폐용기에 넣고 냉동실에서 8시간 정도 단단하게 얼린다.

07 단단하게 얼었으면 꺼내어 믹서에 넣고 곱게 갈아준다. 아이스크림의 질감
이 부드러워지도록 얼렸다가 갈아주기를 4번 반복해준다.

커 피 의 맛 은 그 대 로 부 드 러 움 까 지

커피 푸딩

재료
(16개)

에스프레소 8큰술, 우유 3컵, 생크림 1컵, 판젤라틴 8장, 올리고당 4큰술, 커피빈 약간

커피 시럽 : 에스프레소 2큰술, 시럽(물 1큰술 + 설탕 1큰술)

Recipe

01 볼에 우유와 생크림, 올리고당을 넣고 골고루 섞어준다.

02 판젤라틴은 찬물에 넣고 불린 후 꺼내어 전자레인지에서 30초간 돌려 녹인다.

03 01에 에스프레소를 넣고 골고루 섞어준다.

04 녹인 젤라틴을 03에 넣어 잘 섞어준다.

05 04를 준비해둔 유리병에 담고 냉장고에 넣어 굳힌다. 먹기 전에 푸딩 위에
    커피 시럽을 뿌려낸다.

그대로이지만 생크림을 넣어 부드럽고, 젤라틴이 탱탱한 식감을 더하지요. 층층이 쌓인 푸딩의 고운 빛깔이 보이도록 투명한 유리 용기에 푸딩을 담아주고, 거기에 손잡이가 긴 숟가락을 준비해서 바닥까지 싹싹 비우는 즐거움을 느끼는 게 포인트랍니다! 한동안 아이스커피는 잊고 푸딩의 매력에 빠져버릴 거예요.

진한 맛이 일품, 선물로 좋은

컵티라미수

티라미수는 차와 함께 곁들이는 조각 케이크로도 훌륭하지만 컵케이크로 즐겨도 색다릅니다.
컵티라미수로 만들면 휴대가 쉽고, 보관도 간편해서 여름 선물 요리로 제격이지요. 조각 케이크와 달리
컵 속에 켜켜이 케이크 시트를 배치해보는 즐거움까지 선사한답니다. 또 한 입씩 스푼으로 떠먹을 수
있어서 아이들도 흘릴 걱정 없이 마음껏 즐길 수 있어요.

컵티라미수

재료(컵 9개)

제누아즈(케이크 시트) 2장, 코코아가루 적당량

무스티라미수: 마스카르포네치즈 70g, 크림치즈 70g, 생크림 140g, 레몬즙 2/3개분,
달걀 노른자 40g, 설탕 60g, 물엿 20g, 판젤라틴 6g, 쿠앵트로(오렌지술) 6ml, 생크림 70g

커피 시럽: 물 40ml, 설탕 20g, 에스프레소 50ml, 칼루아(커피술) 20ml,

도구

티라미수 담을 컵, 동그란 모양 틀, 볼 2개, 거품기, 체

01

제누아즈는 0.5~1cm두께로 2장을 준비한 후 동그란 모양 틀로 찍어 컵 안에 들어갈 수 있도록 만든다.

02

무스티라미수를 만든다. 마스카르포네치즈와 크림치즈는 실온에서 부드럽게 으깨질 정도로 녹인 뒤 거품기로 섞어 덩어리를 푼다.

03

치즈가 분리되지 않도록 02에 생크림을 조금씩 부어가며 고루 섞는다. 크림상태가 되면 레몬즙을 넣고 다시 한 번 섞어준다.

04

판젤라틴은 찬물에 담가 10~15분 정도 불린다

05

새 볼에 달걀 노른자를 넣어 풀고 설탕을 섞은 뒤 물엿을 넣는다. 볼을 60~80도 정도의 뜨거운 물에 넣어 중탕으로 익히면서 하얗게 거품을 올린다. 거품 오른 달걀에 불린 젤라틴을 꽉 짜서 넣고 완전히 녹인다.

06

05를 03에 넣어 충분히 어우러지도록 섞는다. 05가 고루 섞여서 연노란빛을 띠면 쿠앵트로(오렌지술)를 넣고 다시 한 번 섞어 오렌지향이 은은하게 풍기도록 한다.

07

차가운 볼에 생크림을 담고 거품이 잘 오르도록 얼음물 위에 올린 후 거품기로 70~80% 정도 거품을 올린다.

08

06에 풍성하게 올린 생크림을 거품이 꺼지지 않도록 2~3회에 나누어 넣어가며 주걱으로 가볍게 섞어 무스티라미수를 완성한다.

09

커피 시럽을 만든다. 물과 설탕을 끓이다가 에스프레소와 칼루아를 넣고 시럽을 만든다.

10

깊이가 있는 용기에 무스티라미수를 얇게 깔고 잘라둔 제누아즈를 얹은 뒤 그 위에 커피 시럽을 촉촉하게 바른다.

11

무스티라미수를 부은 후 남은 한 장의 제누아즈를 마저 위에 얹고 다시 커피 시럽을 바른 뒤 그 위에 무스티라미수를 가득 채워준다. 숟가락을 이용해 윗면을 편편하게 만든 다음 3~5시간 정도 냉동시켜 단단하게 굳힌다.

12

굳힌 티라미수를 꺼내 그 위에 코코아가루를 듬뿍 뿌려준다.

Fall
Part 3
가을

'계절의 선물'을 담기에 가장 좋은 시간, 바로 가을입니다.
나무 위의 열매들은 탐스럽게 영글어 빛깔도 곱지요.
고소한 햇곡식들을 만날 수도 있고요.

가을을 좋아하는 사람들이 단연 손꼽는 풍경은 단풍입니다.
여러 가지 빛깔로 물들어가는 산과 숲의 모습을 보며
계절의 변화와 나아가 세월의 흐름을 느끼기도 하지요.
나뭇잎 지는 풍경을 마주할 때면 살짝 감상적인 기분이 들기도 하고요.

또 가을을 떠올릴 때면 자연스럽게 '계절이 주는 풍성함'을 이야기하게 됩니다.
풍성한 식재료, 풍성한 식탁, 풍성한 마음, 풍성한 나눔으로
그 유쾌한 기분은 계속 이어져 가을의 왠지 모를 쓸쓸함을 달래주지요.

두 얼굴의 모습을 하고 있는 가을의 한가운데를 지나다보면,
생각은 한 뼘씩 더 깊어지는 것 같습니다.
차가운 바람은 사람의 마음을 겸허하게 만들고,
저녁 하늘에 번지는 노을은 쓸쓸함과 충만함을 동시에 선사합니다.

계절이 주는 풍성함··· 그리고 가을의 색깔

가을을 진정 만끽하고 싶다면 가을 꽃으로 단장한 식탁을 잊지 마세요.
특히 국화는 특유의 그윽한 향기로 식탁에 마주한 이들을 매료시킵니다.
가을의 티타임에 초대받았다면 따뜻한 차에 곁들일 케이크와 쿠키, 떡 등의
직접 만든 다과 선물과 함께 국화 한 다발을 준비해 방문해보세요.
오래도록 마음에 남을 그날은 분명 향긋하고 따뜻한 자리로 기억될 겁니다.

굳이 노력하지 않아도 자연스럽게 변해가는 계절의 속성.

어느새 성큼 다가온 가을에서 느긋함을 배웁니다.

이 계절이 다할 때쯤엔 되돌릴 수 없는 추억만이 남겠죠?
당신을 생각하며 음식을 만든 이 시간이 저에게는 가장 소중합니다.

소금 프레즐

귀여운 모양에 한 번 반하고, 담백하고 고소한 맛에 다시 한 번 반하는 소금 프레즐을 만들어볼까요?
공부하는 아이들의 간식으로도 그만이고, 가을 소풍 나갈 때 따뜻한 차와 함께 바구니에 쏘옥 넣으면
가볍고 간편한 간식이 된답니다. 프레즐 만들기의 포인트는 바로 반죽의 꼬임 동작! 반죽을 너무 여러 번
꼬게 되면 꽈배기로 변할 수 있으니, 반죽을 양손에 잡고 한 번씩만 꼬아준 후 뒤집어서 고정시켜주세요.

재료
(12개)

밀가루 강력분 250g, 따뜻한 물 3/4컵, 설탕 6g, 소금 1g, 이스트 3g, 베이킹소다 30g, 물 1컵,
천일염 약간, 여분 밀가루 약간

Recipe

01　오븐은 180도로 예열해둔다.

02　따뜻한 물에 이스트를 넣고 골고루 섞어준 후 밀가루와 설탕, 소금을 넣고
　　잘 섞어 반죽을 만든다. 어느 정도 덩어리가 지면 10분 동안 치대준다.

03　볼에 02의 반죽을 넣고 랩을 씌운 후에 따뜻한 곳에 둔다.

04　반죽이 2배 정도 부풀어 오르면 밀가루를 약간 뿌리고 가스를 빼준 후 12
　　등분하여 손으로 밀어가며 길게 반죽을 늘인다.

05　반죽을 30cm 정도 길이가 되도록 늘인 후에 양쪽에서 한 번씩 꼬아준 후
　　뒤집어 옆으로 붙여 프레즐 모양을 만든다.

06　볼에 물과 베이킹소다를 넣고 골고루 섞은 다음 05의 반죽을 푹 담갔다가
　　건져서 굵은 천일염을 겉에 뿌려준다.

07　180도 오븐에서 20분 정도 구워준다.

가을 햇볕에 말린

주전부리

가을이 제철인 단감과 배를 이용해 건강에 좋은 주전부리 선물을 준비해보세요. 가을엔 풍성한 과일 선물도 좋지만 정성을 들여 말린 과일을 앙증맞게 선물로 포장해서 건네면, 가을에만 느낄 수 있는 정취를 선사할 수 있답니다. 물론 이 모든 것을 가능하게 하는 것은 적당한 온도와 습도로 이루어진 가을 햇살의 힘! 쨍쨍한 햇살은 과일의 당도를 더욱 높여주고, 갈색 빛의 그윽한 흔적을 남겨주지요.

재료　단감 8개, 배 8개

01 단감은 깨끗이 씻은 후 껍질째 가운데 씨 부분을 피해 얇게 슬라이스한다.

02 배는 깨끗이 씻은 후 껍질째 씨를 제거하고 웨지모양으로 얇게 썬다.

03 가을 햇볕에 뒤집어가며 하루 동안 잘 말려주거나 식품건조기에 말려준다.
식품건조기에 말릴 때에는 70도에서 6시간 동안 말려주면 된다.

보통 가을 디저트로 사과 타르트를 많이 준비하는데요. 때로는 하나씩 들고 먹을 수 있는 작고 귀여운
타르트를 만들어보세요. 크기를 조금 줄이면 베이킹 초보자들이 만들기에도 수월하고, 양이 적은 아이들도
남기지 않고 부담 없이 먹을 수 있거든요. 나눠 먹을 때 일인분씩 잘라야 하는 번거로움도 피할 수 있고요.
타르트 속을 채울 재료로는 사과와 함께 커스터드 크림을 골라봤어요. 부드러운 질감과 고소하면서도
달콤한 맛이 아삭한 사과와 잘 어울리고, 살짝 레몬 빛깔이 감도는 색깔도 훌륭한 베이스 역할을 합니다.
붉은 사과를 포인트로 올려 맛과 멋을 동시에 잡으세요!

미니 사과 타르트

재료 (지름 7cm 타르트 틀 8개 분량)

타르트지: 밀가루 박력분 200g, 버터 80g, 달걀 노른자 1개, 설탕 40g, 소금 1/2큰술, 물 40g

커스터드 크림: 설탕 100g, 버터 20g, 밀가루 박력분 40g, 달걀 노른자 6개, 우유 2컵

장식용 사과 2개, 올리고당 약간

도구 푸드 프로세서, 볼, 거품기, 지름 7cm 타르트 틀

01 오븐은 175도로 예열해둔다.

02 버터는 깍둑썰기해서 밀가루와 함께 푸드 프로세서에 돌린다.

03 02에 설탕과 소금, 달걀 노른자, 물을 넣고 한 덩어리가 되도록 돌린 후 꺼내어 가볍게 반죽한 후 비닐봉지에 넣어 냉장고에서 30분간 휴지시킨다.

04 커스터드 크림을 만든다. 볼에 달걀 노른자와 밀가루, 설탕을 넣고 거품기로 골고루 섞어준다. 그리고 따뜻하게 데운 우유를 조금씩 부어가며 섞어준다.

05 04를 냄비에 넣고 거품기로 저어가며 약한 불에서 5분 정도 익혀준다.

06 농도가 생기면서 익으면 버터를 넣고 잘 녹도록 섞어준 후 밀폐용기에 담는다. 그런 다음 비닐랩을 커스터드 크림에 완전히 닿도록 붙여 식혀준다.

07 사과는 4등분하여 씨를 제거하고 납작하게 썰어준다.

08 30분 동안 휴지시킨 03의 반죽을 꺼내어 타르트 틀에 모양을 맞추어 깔아준 후 포크로 구멍을 뚫어 175도로 예열한 오븐에서 20분간 구워준다.

09 타르트지가 구워지면 그 위에 커스터드 크림을 올린 후 사과를 1/4쪽씩 올려준다. 그런 다음 올리고당을 바른 후 10분간 더 구워준다.

낭만적인 가을을 완성하는 야외 나들이를 떠나볼까요?

낭만적인 가을을 온전히 느끼려면 자연 속으로 나들이를 떠나보세요.

우거진 숲이 있는 주변의 공원이나 수목원도 좋고요.

사과나 밤 등의 수확 체험을 할 수 있는 근교의 과수원도 추천해요.

나들이에 알맞은 드레스 코드는 가을에 어울리는 목가적인 분위기로!

챙이 넓은 모자와 편한 청바지, 활동성이 좋은 부츠도 따로 챙기고요.

사각 바구니 안에는 오늘의 점심 메뉴를 넣어볼까요?

건강을 생각해 호밀빵으로 만든 샌드위치, 아이들이 좋아하는 초콜릿과 케이크,

속은 부드럽고 겉은 바삭한 감자 크로켓, 나들이에 빠질 수 없는 김밥,

거기에 갈증을 달래줄 상큼한 홈메이드 레몬에이드까지 준비해주면 완벽합니다.

답답한 아파트 건물과 밀폐된 놀이터에 갇혀 있던 아이들을 푸른 풀밭 한가운데에

놓아두면 비로소 활기찬 제 모습을 찾아갑니다.

너른 풀밭을 가로지르며 잡기놀이를 하고, 뜀뛰기도 하고, 푹신한 풀밭을 매트 삼아

데굴데굴 구르기도 하지요. 옷이 좀 더러워지면 어때요.

건강한 미소를 되찾을 수 있다면 어른들의 입가에도 미소가 번지는 걸요.

나들이의 식탁은 가을 풀밭과 하얀 매트입니다.

방수가 되는 두꺼운 매트를 베이스로 깔아준 뒤

소중히 아껴두었던 하얀 리넨 천이나 꽃무늬 천을 분위기 있게 올려주세요.

그래야 예쁜 천에 풀 얼룩이 지지 않아요.

그리고 가장자리에는 준비해온 도시락과 과일을 바람막이 삼아 올려두어야

매트가 움직이거나 바람에 날아가지 않는답니다.

음료수와 물은 아이스박스에 시원하게 보관하고,

작은 개인용 접시를 여러 개 준비해서 아이들이 음식을 흘려도 염려 없게 만들어주세요.

낭만적인 가을 나들이는 엄마의 센스로 완성된답니다.

엄마의 센스와 정성이 가득!

가을 나들이 도시락

건강 샌드위치

재료
(4인분)

샌드위치용 빵(바게트나 호밀빵) 1개, 토마토 1개, 양상추잎 8장, 훈제 슬라이스 치즈 8장
샌드위치 스프레드: 다진 피클 1큰술, 다진 양파 1큰술, 머스터드 4큰술, 마요네즈 4큰술,
설탕 1/2작은술, 후춧가루 약간

01 샌드위치용 빵은 2cm 폭으로 자른 후 가운데에 칼집을 넣어준다.

02 토마토는 깨끗이 씻어 꼭지를 제거하고 웨지모양으로 썰고, 양상추잎은 깨
끗이 씻어 물기를 빼준다.

03 다진 피클과 다진 양파, 머스터드, 마요네즈, 설탕, 후춧가루를 골고루 섞
어 샌드위치 스프레드를 만든다.

04 샌드위치용 빵 양면에 03의 스프레드를 바른 후 양상추, 토마토, 훈제 치
즈를 차례대로 넣어준다.

홈메이드 레몬에이드

재료

레몬 2개, 탄산수 4컵, 설탕 4큰술

01 레몬은 껍질째 깨끗이 씻은 후 뜨거운 물을 끼얹어 남아 있는 농약을 제거
해준다.

02 레몬의 물기를 제거하고 얇게 썬 후 설탕과 함께 재운다.

03 30분 정도 재운 후 탄산수와 함께 골고루 섞어낸다.

감자 크로켓

감자 6개, 양파 1/4개, 파프리카(빨강, 노랑) 1/4개씩, 피망 1/4개, 사과 1/4개, 달걀 1개, 빵가루 2컵, 소금 약간, 튀김용 기름 약간, 홈메이드 케첩 약간

01 감자는 깨끗이 씻어 껍질을 제거하고 찜통이나 냄비에 넣고 푹 찐다.

02 양파와 파프리카, 피망은 모두 0.5×0.5cm 크기의 큐브 모양으로 작게 썰어 프라이팬에 볶아준다.

03 사과는 껍질째 깨끗이 씻어 씨를 제거한 후 다른 야채와 비슷한 크기로 썰어준다.

04 찐 감자를 잘 으깬 후 볶은 채소와 사과를 넣고 다시 한 번 골고루 섞은 다음 소금으로 간을 해준다.

05 04를 둥글게 모양을 잡아준다.

06 달걀을 곱게 풀어 05에 달걀옷을 입힌 후 빵가루 옷을 입힌다.

07 170도 기름에 넣고 바삭하게 두 번 튀긴 후 홈메이드 케첩을 곁들인다.

씹 는 맛 이 좋 고 영 양 만 점 인

대추 코코넛 머랭 쿠키

추석 명절을 지낸 뒤 맛좋은 대추가 많이 남았다면 잘 말려서 쿠키로 변신시켜보세요. 달지 않은
쿠키라 어른들도 좋아하고, 아이들은 과자라면 자다가도 눈을 동그랗게 뜨니 물론 좋아하겠지요?
대추 코코넛 머랭 쿠키는 코코넛 슬라이스가 그대로 느껴져 씹는 맛이 좋고, 말린 대추와 아몬드 등
견과류가 듬뿍 들어가 영양 만점이랍니다!

재료 (20개)	달걀 흰자 45g, 말린 대추 8개, 아몬드 17g, 코코넛 슬라이스 85g, 설탕 40g
도구	핸드믹서, 볼, 종이호일, 주걱

Recipe

01 오븐은 180도로 예열해둔다.

02 달걀 흰자를 볼에 담고 설탕을 조금씩 나눠서 넣어가며 핸드믹서로 10분
　　정도 돌려 머랭을 올린다.

03 대추는 돌려깎기한 후 가늘게 채 썬다.

04 02에 아몬드와 코코넛 슬라이스, 채 썬 대추를 넣고 주걱으로 골고루 섞는다.

05 오븐 팬 위에 종이호일을 깔고, 반죽을 숟가락으로 1큰술씩 떠서 올린 후
　　쿠키 모양으로 펴준다.

06 180도 오븐에서 15분 정도 구워준다.

요즈음에는 당근을 일 년 내내 마트에서 볼 수 있지만, 그 어느 것도 가을 당근의 맛과 영양은
따라갈 수 없지요. 당근은 녹황색 채소 중에서도 베타카로틴이 제일 많고, 특히 껍질 쪽에 베타카로틴
함유량이 높다고 하니, 요리할 때 껍질은 되도록 얇게 벗기도록 하세요. 당근 케이크에는 역시 깊은 맛의
크림치즈 프로스팅이 따라와야겠죠? 맛이 진한 크림치즈 프로스팅을 곁들여 케이크 시트 위아래에
두툼하게 발라 그 맛을 충분히 음미해보세요.

가 을 당 근 의 맛 과 영 양 을 그 대 로

당근 케이크

재료	(지름 15cm 케이크 틀 한 판)

밀가루 중력분 11g, 당근 230g, 생강 10g, 버터 120g, 황설탕 130g, 달걀 3개, 베이킹파우더 1g,
계핏가루 1g, 너트맥 약간, 아몬드가루 5/8컵, 다진 호두 1/4컵, 소금 1g

크림치즈 프로스팅: 크림치즈 200g, 버터 80g, 설탕 30g

도구   지름 15cm 케이크 틀, 핸드믹서, 강판, 볼 3개, 체

01 오븐은 175도로 예열해두고, 버터는 냉장고에서 꺼내어 실온에서 녹인다.

02 당근과 생강은 깨끗이 씻어 껍질을 벗기고 강판에 곱게 갈아준다. 볼을 2개 준비해서 달걀 3개를 노른자와 흰자로 나눈다. 노른자는 3개 분량을 준비하고, 흰자는 2개 분량만 준비한다.

03 베이킹파우더와 계핏가루, 너트맥, 아몬드가루는 체에 한 번 쳐서 준비한다.

04 달걀 노른자 3개 분량을 담은 볼에 녹인 버터와 황설탕을 넣고 핸드믹서로 5분간 돌려서 크림상태로 만든다. 여기에 체에 쳐둔 03의 가루재료를 넣어 골고루 잘 섞어준다.

05 달걀 흰자 2개 분량을 볼에 넣고 핸드믹서로 10분 정도 돌려 단단하게 머랭을 올린 후에 밀가루와 소금, 당근, 생강, 호두를 넣고 골고루 섞어준다.

06 04와 05를 잘 섞은 다음 케이크 틀에 넣어준다.

07 175도로 예열한 오븐에서 1시간 동안 구운 후 꺼내어 식힌다.

08 당근 케이크에 바를 크림치즈 프로스팅을 만든다. 볼에 녹인 크림치즈와 버터, 설탕을 넣고 핸드믹서로 10분 이상 돌려 부드럽게 크림상태로 만든다.

09 식힌 당근케이크를 가로 방향으로 반 가른 후 위아래로 크림을 발라준다.

빨간 홍시 대신 전하는 가을 선물

홍시 밀크잼

잘 익은 빨간 홍시만큼 가을이라는 계절을 제대로 느끼게 해주는 과일이 있을까요?

가을을 함께 만끽하고픈 주변의 지인들에게 빨간 홍시를 그대로 선물할 수 있다면 가장 좋겠지만,

홍시는 깨지기가 쉽고 보관이 어려워 그리 환영받지 못하는 선물입니다.

이럴 땐 홍시의 단맛을 그대로 담은 홍시밀크잼 한 병을 선물해보세요.

홍시와 생크림의 부드러움이 환상적으로 어우러진 홍시밀크잼은 언제 어디에서든 가을의 맛을

떠올리게 해줄 고마운 선물입니다.

재료　홍시 5개, 생크림 1/2컵, 우유 1/2컵, 설탕 1/4컵, 소금 약간

01　홍시잼을 담을 유리병을 소독해서 말린다.

02　홍시는 깨끗이 씻어 껍질과 씨를 제거하고 믹서에 갈아준다.

03　곱게 간 홍시와 생크림, 우유, 설탕, 소금을 냄비에 넣고 끓인다.

04　바글바글 끓기 시작하면 불을 약하게 줄이고 10분 정도 은근하게 더 끓여
　　준다. 약간 걸쭉해지면 소독한 유리병에 담아서 냉장고에 보관한다.

와 인 과 샴 페 인 을 준 비 했 다 면

리코타치즈와 건과일 치즈포션

가을에는 이런저런 행사가 참 많아요. 결혼식, 돌잔치, 가을 운동회, 야외 음악회 등등… 이런 가을의 모임에 빠져선 안 될 것이 있다면 바로 와인과 샴페인 아닐까요? 거기에 와인이나 샴페인과 어울리는 핑거푸드를 센스 있게 준비해놓는다면 여러모로 도움이 될 거예요. 직접 만든 리코타치즈와 건과일 치즈포션은 와인의 맛을 음미하도록 돕는 역할을 하고, 자리를 정성스럽게 준비했다는 인상을 주는 메뉴입니다. 치즈의 깊은 맛을 캐주얼하게 즐기는 대표 메뉴이기도 하고요. 만들기도 쉬우니 한번 도전해보세요.

리코타치즈

재료 우유 5컵, 레몬즙 6큰술, 소금 1/2작은술, 바질잎 약간

Recipe

01 우유를 냄비에 넣고 중불에서 끓이다가 거품이 올라오면 소금을 넣고 약한불로 줄인 후 레몬즙을 넣고 저어준다.

02 몽글몽글하게 덩어리가 생기면 볼을 준비하고 체 위에 면보를 깔고 냄비 안의 내용물을 부어준다.

03 15분 정도 체에 받쳐 자연스럽게 물기를 빼준다. 물기가 완전히 다 빠지면 원하는 틀에 넣어 모양을 만들어 굳힌다.

건과일 치즈포션

재료 우유 1 1/2컵, 생크림 3/4컵, 레몬즙 4작은술, 소금 1/3작은술, 견과류(피칸, 호두 등) 1큰술씩, 건과일 1큰술

Recipe

01 냄비에 우유와 생크림을 넣고 중불에서 끓인다.

02 가장자리가 바글바글 끓기 시작하면 레몬즙과 소금을 넣고 한 번 저어준 다음 약한불에서 15분간 더 끓인 후 불을 끄고 30분간 그대로 둔다. 그런 다음 건과일과 견과류를 넣고 골고루 섞어준다.

03 우묵한 볼이나 냄비에 면보를 깔고 02를 부운 후 묶어서 1시간 정도 물기를 뺀다. 적당한 크기로 잘라 밀폐용기에 넣어 냉장보관한다.

가을 햇밤으로 만드는

밤만주

일본 화과자 가운데 하나인 만주는 생각보다 만들기가 그리 어렵지 않고, 모양도 예뻐서 선물용으로
만들면 딱 좋은 베이킹 아이템입니다. 보통 팥 앙금 등을 소로 쓰는데, 가을엔 맛있는 햇밤이 주변에
가득하니 이를 이용해서 밤 모양으로 만주를 구워보세요. 밤 모양을 만들 때에는 달걀물을 전체적으로
바른 다음 한쪽 끝에만 깨를 발라서 표현해주면 됩니다.

재료
(20개)

밀가루 박력분 250g, 베이킹파우더 1작은술, 달걀 2개, 설탕 90g, 소금 1/2작은술, 버터 20g,
물엿 1큰술, 팥앙금 250g, 밤 10개, 달걀물 약간, 깨 약간

Recipe

01 오븐은 170도로 예열해둔다.

02 볼에 달걀과 설탕, 소금, 버터, 물엿을 담아 설탕이 녹을 때까지 중탕한 후
식혀준다.

03 밀가루와 베이킹파우더를 체에 한 번 친 후 02과 함께 골고루 섞어 비닐을
덮고 15분간 휴지시킨다.

04 밤은 껍질을 깐 후 삶아서 깍둑썰기한 다음 팥앙금과 함께 골고루 섞어준다.

05 04는 25g씩 나누고, 03의 반죽도 덧밀가루를 더해가며 25g씩 나눠준다.

06 반죽을 얇게 펴준 후 앙금을 넣고 오무려 밤 모양을 만들어준다.

07 달걀물을 전체적으로 바른 후에 한쪽에 깨를 묻혀 170도 오븐에서 20분 정
도 굽는다.

가을의 넉넉함을 나누는 데에 떡만큼 좋은 요리 선물은 없을 거예요. 쌀의 든든함은 그대로, 갖가지 견과류들을 첨가해 영양을 높이고, 쫀득하고 고소한 맛은 최대한 살려줍니다. 떡 만들기는 생각보다 어렵지 않아요. 또한 틀에 맞추어 하나씩 구워야 하는 빵과 달리, 크게 만들어서 먹기 좋게 자른 후 포장하면 되니 선물용으로도 간편하답니다.

명절을 앞두고 있다면 이번에는 꼭 약식과 영양떡을 만들어서 전해보세요.

올 해 추 석 선 물 로 준 비 해 보 세 요

약식과 영양떡

약식

재료
(16개)

찹쌀 2컵, 현미찹쌀 1컵, 조선간장 4큰술, 모스코바도 설탕 2큰술, 참기름 2큰술, 말린 대추 8개, 잣 1/4컵, 호박씨 1/4컵, 밤 8개

Recipe

01 찹쌀과 현미찹쌀은 깨끗이 씻어 물기를 뺀다. 밤은 겉껍질만 까고 반을 갈라 준비한다. 쌀과 밤을 압력솥에 넣고 물 1 3/4컵을 부어 고슬고슬하게 밥을 한다. 추가 울리면 약한불에서 6분간 더 익힌 후 김이 자연스럽게 빠지도록 불을 끄고 그대로 둔다.

02 대추는 젖은 키친타월로 문질러 씻은 후 돌려깎기해서 가늘게 채 썬다.

03 냄비에 조선간장을 넣고 모스코바도 설탕과 건대추를 넣고 설탕이 녹을 때까지 끓인다.

04 밥이 식으면 03과 잣, 호박씨를 넣고 함께 골고루 섞어준다.

05 양념한 밥을 한 주먹씩 덜어내서 네모나게 모양을 만들어준 후 화과자 용기에 담아 포장한다.

영양떡

찰떡

재료 찹쌀 2컵, 설탕 2큰술, 소금 1/8작은술, 물 2 1/2컵

01 찹쌀을 깨끗이 씨어 불린 후 물을 넣고 질게 밥을 한다.

02 01의 밥에 설탕과 소금을 넣고 골고루 섞은 후 방망이로 두드린다.

03 떡이 끈기가 생기도록 계속 치대준다.

재료
(16개) 검은깨 1/2컵, 잣 1/4컵, 호박씨 1/4컵, 찰떡

01 검은깨는 마른 팬에 고소하게 볶아서 곱게 갈아준다.

02 네모난 틀에 비닐을 깔고 깨를 얇게 깔아준다.

03 깨 위에 찰떡을 올리고 깨가 잘 붙도록 꾹꾹 눌러준다.

04 찰떡 위에 잣과 호박씨를 골고루 뿌린 후 검은깨를 한 번 더 뿌려준다. 그 위에 다시 찰떡을 깔아 눌러준 다음 검은깨를 위에 한 번 더 뿌리고 비닐로 평평하게 덮어 냉동실에서 단단하게 얼려준다.

05 2시간 정도 얼려 단단해지면 한입 크기로 썰어 화과자 용기에 넣어 포장한다.

호박 파이

미국에서는 할로윈에는 호박을 집 앞에 장식하고, 추수감사절에는 호박으로 만든 파이를 먹는다고 해요.
요즈음에는 우리나라에서도 할로윈 파티를 많이들 즐기는 모습입니다. 사탕을 받을 수 있어 아이들이 더
신나하는 할로윈 파티, 아이들과 함께 나눠 먹기 좋은 부드러운 호박 파이를 만들어보세요.

재료　(지름 18cm 파이 틀 한 판)

밀가루 중력분 200g, 계핏가루 4g, 버터 40g, 달걀 2개, 설탕 2큰술, 소금 약간, 계란물 약간

파이 속: 단호박 1/6개, 늙은 호박 1/10개, 생크림 1/3컵, 소금 약간, 후춧가루 약간, 계핏가루 약간,

도구　지름 18cm 파이 틀, 푸드 프로세서, 밀대, 핸드블렌더

01
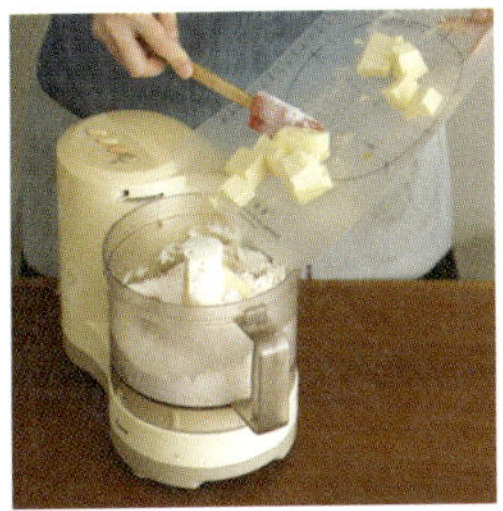

오븐은 175도로 예열해두고, 밀가루와 계핏가루, 버터를 푸드 프로세서에 넣어 곱게 갈아준다. 버터를 아주 작게 깍둑썰기한 후 가루재료와 함께 비벼가면서 골고루 섞어도 된다.

02

01에 달걀과 설탕, 소금을 넣고 골고루 섞어 한 덩어리가 되도록 반죽한다. 반죽을 납작하게 눌러 비닐봉지에 넣은 후 30분간 냉장고에서 휴지시킨다.

03

반죽의 반을 떼어내 밀대로 0.4cm 두께 정도로 밀어준 다음 파이 틀에 맞추어 넣는다. 나머지 반죽은 장식용으로 남겨둔다.

04

단호박과 늙은 호박은 껍질을 벗긴 후 깍둑썰기한 후에 찜통에 넣고 찐다.

05

찐 단호박과 늙은 호박에 생크림과 소금, 후춧가루, 계핏가루를 넣은 후 핸드블렌더로 곱게 갈아준다.

06

05를 파이 틀 안에 부어준다.

07

나머지 반죽을 밀대로 밀어 모양 틀로 찍어준 후 파이 위에 장식한다.

08

위에 계란물을 적당하게 발라준 후 175도 오븐에서 40분 정도 구워낸다.

수정과

쫀득쫀득 달콤하면서도 혀끝에서 부드럽게 녹는, 정말 맛있는 늦가을 곳감을 발견했다면 식혜와 함께
우리나라의 대표 전통음료인 수정과를 직접 만들어보면 어떨까요? 첫 도전이라 잘 만들 수 있을지
망설여지겠지만, 맛있는 곳감이 있다면 어느 정도 맛을 보장할 수 있으니 안심해도 됩니다. 다만 수정과를
만들 때 계피와 생강을 너무 많이 넣으면 향이 강해지고 매워질 수 있으니 양을 적당히 조절해주세요.

재료　생강 6개, 통계피 4대, 흑설탕 5큰술, 물 12컵, 곳감 4개, 잣 약간

01　생강은 껍질을 벗겨 편으로 썰고, 계피는 물에 살짝 헹군다.

02　냄비 2개에 물을 6컵씩 붓고 각각 계피와 생강을 넣어 센불로 20분간 끓이
다가 약한불로 줄여 20분간 우려낸다.

03　계피와 생강을 걸러내고 두 냄비의 물을 면보에 한 번 걸러 합친 뒤 설탕을
넣고 한 번 더 끓인다.

04　수정과가 식으면 곳감을 넣고 잣을 띄워낸다.

하얀 벽에는 조각난 햇살이 머뭅니다.

바람이 불 때마다 일렁이는 가을 햇살을 그림자는 말해주지요.

집집마다 주렁주렁 매달렸던 감들도 이제는 다 떨어져 나무 그림자가 유독 앙상해 보이네요.

이렇게 눈에 보이는 가을의 쓸쓸함을 대신해 우리에게는 풍성한 열매들이 돌아왔습니다.

가을이 주는 계절의 선물로 우리는 또 현재를 살아갑니다.

Winter

Part 4

겨울

늦가을과 초겨울의 경계에서 쓸쓸함이 깊어질 때쯤,
하루가 다르게 앞당겨 찾아오는 저녁 어스름 속에서 먼지 쌓인 상자 속에
들어 있던 알록달록한 알전구들을 발견하게 됩니다.
나도 모르게 설레는 마음… 느껴지시나요?
이제 곧 눈이 내릴 것 같은 마음에 화이트 크리스마스를 손꼽아 기다리게 돼요.

거리에 울려 퍼지는 캐럴송, 작은 종소리, 들썩이는 분위기….
꽁꽁 얼어붙은 거리와는 달리 알록달록한 전구가 불을 밝히고 있는 겨울의
실내는 따뜻하고 편안한 느낌을 전해줍니다.
하늘 높이 자리한 크리스마스 트리 아래에서 뱅글뱅글 돌아가는 오너먼트.
난롯가의 털실과 하품하는 고양이는 환상의 궁합!
몸을 녹이는 따스한 코코아 한 잔에 시린 코끝은 금세 훈훈해집니다.

겨울의 추억은 가슴 따뜻한 이야기들입니다.
달콤한 선물이 빛을 발하는 이 계절을 놓칠 수 없지요.

소중한 이들과 온기를 나누고픈… 겨울

두고두고 잊을 수 없는 한겨울의 추억을 만들고 싶다면
계절의 선물인 스위츠 아이템을 여럿이 함께 모여서 만들어보세요.
함께 쿠키를 반죽하고, 오븐에 구운 쿠키 위에 아이싱을 하고, 예쁘게 포장까지 마칩니다.
힘든 줄도 모르고 신나게 웃으며 만들다보면 생각지도 못한 놀라운 결과물이 기다릴 거예요.
다음 날 크리스마스 이브나 밸런타인데이의 해가 떠오르면, 밤새 준비한 '달콤한 선물'을
그동안 마음속에 품어왔던 소중한 사람에게 전해보세요.
단 하루만 허락된 특별한 날에만 가능한, 오랫동안 꿈꾸어왔던 기적과도 같은 일이
당신에게도 찾아올지도 모르니까요.

겨울은 하얀 눈만큼이나 눈부시게 아름다운 계절입니다.
요리의 즐거움을 아는 당신이라면 더욱 그렇게 느낄 겁니다.
혼자만이 느끼는 이 행복을 가슴 깊이 묻어둔 채
때론 혹독할 수 있는 계절의 한가운데를 꿋꿋이 걸어갑니다.

낭만적인 겨울의 낮과 밤을 보내다보면 어느새 또 기적처럼 '봄'이 성큼 다가오겠죠?

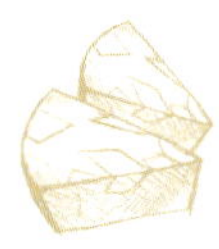

어릴 적 할머니 방에는 늘 고구마가 담긴 소쿠리가 있었어요.

친구들과 신나게 밖에서 뛰어놀다가도 출출해질 쯤이면 늘 할머니 방으로 뛰어 들어가

할머니가 손수 까주신 노릇하게 잘 익은 고구마를 한 입 두 입 베어 먹다가 까무룩 잠들곤 했던

기억이 나네요. 달콤한 팥과 구수한 고구마가 잘 어울리는 고구마양갱은 할머니와의 추억을

떠올리며 만들어봤습니다.

양갱은 '한가한 시간'의 가치를 누구보다 진심으로 이해하는 어르신들께 잘 어울리는 음식입니다.

시간의 맛이 밴 양갱의 뭉근한 달콤함은 어느 디저트도 따라올 수 없지요. 조금 색다르게 케이크 모양으로

만들어서 구정 선물이나 어른들께 드릴 감사의 선물로 정성스럽게 포장해보세요.

시간의 맛이 밴 달콤함

고구마 양갱

01

깍둑썰기한 고구마를 냄비에 넣고 우유와 설탕 5g을 부은 후 고구마가 익을 때까지 끓여준다.

02

또 다른 냄비에 물과 한천가루를 넣고 골고루 섞어 10분간 불린 후 약한불에 올려 설탕 15g을 넣고 3분 정도 끓인다.

03

02에 적앙금을 넣고 골고루 섞어 풀어준 후 약한불에서 7분간 끓인 다음 물엿을 넣고 5분간 더 저어가며 끓인다.

04

익힌 고구마는 체에 걸러 우유를 제거한다.

05

양갱을 넣고 굳힐 그릇을 물로 한 번 헹군다.

06

그릇에 고구마를 넣고 앙금을 부은 후 냉장고에서 3시간 정도 굳힌다.

07

양갱과 그릇 사이에 공기를 넣어 쏙 빼낸다.

08

양갱을 먹기 좋게 한입크기로 썬다.

동네 슈퍼마켓에서 흔하게 볼 수 있는 오레오 쿠키를 이용하면 겨울에 즐기는 색다른 치즈케이크를
만들 수 있어요. 까만 쿠키가 점점이 박힌 오레오 치즈 케이크는 아이스크림을 먹는 것 같은 산뜻함에
치즈의 깊은 맛까지 더해져 놀라운 맛을 선사해줍니다. 강풍이 부는 바깥과는 달리 훈훈한 공기가 감도는
따뜻한 겨울의 실내에서 먹기에 더할 나위 없이 어울리는 메뉴이기도 하고요. 오레오 치즈 케이크를
올린 식탁에는 따뜻하고 향이 좋은 아메리카노 한 잔을 곁들여보세요.

차 갑 게 먹 는 색 다 른 치 즈 케 이 크

오레오 치즈 케이크

재료　(18×18cm 무스 틀 한 판)
오레오 쿠키 300g, 버터 4큰술, 설탕 2/3컵, 판젤라틴 2장, 크림치즈 350g, 레몬즙 2큰술, 휘핑크림 120g

도구　18×18cm 무스 틀, 핸드믹서, 볼

01　버터는 냉장고에서 꺼내 실온에서 녹인다.

02　오레오 쿠키는 4개를 남기고 곱게 갈아준 후 1/4는 굵게 부수고, 나머지는 녹인 버터와 함께 골고루 섞어 무스 틀 아래 고르게 깔아 단단하게 눌러준다.

03　판젤라틴은 차가운 물에 넣어서 15분 정도 불린 후 물기를 꽉 짠다. 그런 다음 볼에 넣고 액체상태가 될 때까지 중탕한다.

04　크림치즈는 핸드믹서를 중간 속도로 놓고 3분 정도 휘핑한 후 설탕을 2~3번에 나누어 가며 넣고 잘 섞어준다. 그런 다음 레몬즙을 넣고 다시 한 번 잘 섞어준 후 중탕한 젤라틴을 넣어 섞는다.

05　휘핑크림을 볼에 넣고 핸드믹서로 단단하게 거품을 낸 후 04와 굵게 부순 오레오 쿠키를 넣고 골고루 섞어준다.

06　05를 오레오 쿠키를 깐 무스 틀 위에 부은 후 냉동실에 넣어 2시간 정도 얼린다.

07　행주를 따뜻한 물에 담궈 꼭 짠 후 무스 틀을 감싸서 녹여 케이크를 틀에서 빼낸다.

SEPTEMBER

평범한 요리를 특별하게 만들어주는 만능양념장 세트를 소개할게요. 요리에 깊은 맛을 내주는 맛간장과
샐러드 드레싱이나 나물 무칠 때 사용하면 좋은 된장 오미자청, 매콤한 음식이 먹고 싶을 때 제격인 고추장
마늘 양념장. 한 번 만들어두면 두고두고 활용할 수 있는 아이템이니 요리 실력 업그레이드를 위해 적극
활용해보세요. 예쁜 병에 담아 부엌 선반 위에 쪼로록 놓아두면 마음이 든든해지고, 가끔 친구들이나
고마운 마음을 전하고 싶은 분들에게 선물로 드리면 정말 너무 좋아해주신답니다.

만능양념장 세트

맛간장

맛간장은 한 번 만들어두면 여러 요리에 두루 활용할 수 있어 좋은 양념장이에요. 요리에 특별한 맛을 내주는 비법이 되기도 하고요. 마트에서 파는 진간장으로 만들어도 되지만 오래 두고 묵혀둔 집간장이 있다면 더 깊은 맛을 낼 수 있답니다.

재료　파 1대, 양파 1개, 건고추 2개, 사과 1/2개, 마늘 4개, 집간장 2컵, 물 1컵

01　파는 뿌리째 깨끗이 씻어 4등분하고 ,양파도 껍질째 깨끗이 씻어 4등분한다.

02　건고추와 파, 양파, 사과, 마늘, 집간장, 물을 냄비에 넣고 약한불에서 은근하게 30분 정도 끓여준다.

03　건더기를 면보에 걸러낸 후 소독한 병에 담고 냉장고에 보관한다.

된장 오미자청

된장에 오미자청을 넣어 색다른 맛을 낸 양념으로 샐러드 드레싱으로 사용하거나 나물을 무칠 때 사용하면
좋아요. 오미자청 만드는 법은 90p를 참고해주세요.

재료　된장 8큰술, 오미자청 8큰술

01　된장과 오미자청을 넣고 덩어리가 지지 않도록 잘 풀어가며 골고루 섞어준다.

02　소독한 병에 담아서 냉장고에 넣고 사용한다.

고추장 마늘 양념장

입맛이 없어서 매콤하면서 달콤한 음식이 먹고 싶을 때 가끔 닭강정이나 떡꼬치를 해먹곤 해요.
그럴 때 유용한 양념장이 바로 고추장 마늘 양념장입니다. 만두에 버무려 먹거나 두부 양념으로 활용해도
좋아요.

재료　다진 마늘 1큰술, 고추장 1컵, 물엿 1/2컵

01　분량의 재료를 잘 섞어서 냄비에 넣고 바글바글 끓여준다.

02　소독한 병에 담아서 냉장고에 넣고 사용한다.

브라우니는 '단순하지만 풍요로운 맛'을 지녔습니다. 겨울의 화려한 모임에 휩쓸리기보다 자신의 내면에
집중하는 이들을 닮았지요. 브라우니를 먹다 보면 작은 것과 안락한 일상, 따뜻한 실내와 소박한 먹을거리,
그리고 크리스마스와 새해를 함께 보낼 이웃이 있다는 것에 대해 감사한 마음을 느끼게 됩니다. 우아하고
여유롭고 반짝반짝 빛나는 소박한 생활이 브라우니 한 조각 안에 담겨있지요.

흥겨운 크리스마스와 연말을 맞아 주변 사람들에게 뭔가 달콤한 선물을 하고 싶은 데 솜씨가 없어
고민이라면 브라우니를 떠올려보세요. 유리나 알루미늄 사각 틀에 한데 섞은 브라우니 반죽을 부어 오븐에
굽기만 하면 끝! 잘 식혀서 네모난 모양 그대로 잘라 예쁘게 포장하면 근사한 디저트 선물이 탄생합니다.
실패할 위험도 적고, 맛도 어느 정도 보장되니 부담 없이 도전할 수 있는 아이템이에요.

진한 초콜릿의 맛을 느끼고 싶을 때

리얼 브라우니

재료 (30×40cm 사각 틀 한 판)

밀가루 박력분 160g, 버터 400g, 설탕 400g, 소금 4g, 계란 8개, 바닐라 에센스 약간,

다크커버춰 340g, 견과류(호두, 피칸 등) 200g

도구 30×40cm 사각 틀, 핸드믹서, 고무주걱, 볼, 종이호일

01 오븐은 170도로 예열해둔다.

02 버터는 냉장고에서 꺼내어 실온에서 녹인다. 볼에 녹인 버터와 소금, 설탕을 넣고 핸드믹서로 부드럽게 저어 크림상태로 만든다.

03 버터가 하얗게 올라오면 계란을 나누어 넣으면서 다시 한 번 잘 섞어주고 바닐라 에센스를 넣는다.

04 다크 커버춰는 잘게 썬 후 볼에 넣고 중탕해서 03에 넣는다.

05 04에 밀가루와 견과류를 넣고 고무주걱으로 가볍게 저어가며 섞는다.

06 사각 틀에 종이호일을 깔고 반죽을 2cm 정도 두께로 부은 후 170도 오븐에서 40분 정도 굽는다. 꼬치로 찔러보아 아무것도 묻어나오지 않으면 꺼내어 식힌 후 적당한 크기로 썰어준다.

나만의 개성이 담긴 크리스마스 케이크

블랙 포레스트

'검은 숲'이라는 이름을 가진 블랙 포레스트는 독일 정통 디저트인 체리 케이크인데요.
시중에 워낙 다양하게 나와 있어서인지 좋아하는 분들이 유독 많은 케이크 가운데 하나입니다.
까만 초콜릿 케이크 시트와 하얀 휘핑크림이 쌓여 만들어내는 무늬와 보기만 해도 먹음직스러운
블랙체리의 조화가 포인트지요. 시중에 나와 있는 제과점의 케이크처럼 너무 매끈하게 만들려고
하기 보다는 조금은 투박해도 홈메이드 느낌이 살도록 개성 있게 연출해보세요.

재료 밀가루 박력분 60g, 달걀 3개, 설탕 80g, 코코아가루 20g, 버터 20g, 장식용 초콜릿
시럽 : 블랙체리 통조림 1/2캔, 설탕 시럽(설탕:물=1:1) 1/4컵
휘핑크림 : 생크림 1/2컵, 휘핑크림 1/2컵, 설탕 3큰술

도구 지름 15cm 원형 틀, 핸드믹서, 볼, 종이호일, 고무주걱, 체

01 오븐은 175도로 예열해둔다.

02 볼에 달걀을 깨서 넣고 설탕을 나누어 넣어가며 핸드믹서로 섞어준다. 바닐라 아이스크림 같은 색이 나올 때까지 10분 정도 섞어주면 된다. 핸드믹서로 반죽에 8자를 그려보았을 때 3초 정도 유지되면 멈춘다.

03 밀가루와 코코아가루는 함께 체에 3번 정도 치고, 버터는 중탕으로 녹인다.

04 02의 반죽에 체에 친 가루재료(밀가루, 코코아가루)를 넣고 고무주걱으로 골고루 가볍게 섞어준 후 중탕한 버터를 넣고 재빨리 섞어준다.

05 원형 틀에 종이호일을 깔고 04의 반죽을 부은 후 175도 오븐에서 25분 정도 굽는다. 꼬치로 찔러보아 아무것도 묻어나지 않으면 꺼내어 식힌다.

<ol start="6">
<li>시럽을 만든다. 블랙체리 통조림의 국물과 설탕 시럽을 1:1의 비율로 섞어 준비하고, 체리는 꺼내어 키친타월에 올려 물기를 제거해준다.</li>
<li>휘핑크림을 만든다. 볼에 생크림과 휘핑크림, 설탕을 넣고 핸드믹서로 10분 정도 돌려서 완성한다.</li>
<li>식힌 케이크 시트를 3등분한 후 설탕 시럽을 바르고 휘핑크림, 체리 순으로 반복하여 쌓아준다. 먹기 전에 케이크 위를 체리와 초콜릿으로 장식해주고, 시럽이 자연스럽게 흘러내리도록 부어준다.</li>
</ol>

아삭아삭 시원하게 씹히는 배의 맛도 제격이지만, 찬바람이 불며 기침이 잦아지는 겨울의 초입에는 배를 푹 고아서 배숙을 만들어보는 것도 좋아요. 배는 기침과 가래를 삭이는 기능이 있어 예전부터 환절기 건강식으로 사랑받아왔는데요. 배의 단맛이 우러나도록 푹 고아 생강과 후추를 첨가하면 그 효과가 배가 됩니다. 오랜 시간 맛이 배도록 정성을 들여 고와야 하기 때문에 선물 요리로 배숙을 받으면 그 감동도 더할 거예요.

찬 바 람 부 는   계 절 에   정 성 을   담 아

배숙

찬바람이 부는 겨울이 오면 심해지는 기침으로 힘들어하실 어른들이 생각납니다.
기침이 조금 잦아들었으면 하는 마음을 담아서 오랜 시간 정성을 들여서 배숙을 만들고,
배의 맛과 향이 잘 간직되도록 투명한 병에 넣어 포장을 해봤어요.
손뜨개로 만든 레이스나 집에 보관해둔 보자기 등으로 한 번 더 병을 감싸 마무리하면
'따뜻한 겨울의 선물'이 완성됩니다.

재료
(10컵)

배 2개, 생강 2개, 물 10컵, 통후추 1큰술, 황설탕 2큰술, 설탕 10큰술, 장식용 잣 약간

Recipe

01 배는 껍질을 까서 씨 부분을 잘라내고 웨지모양으로 8~10등분해준다. 끝
을 뭉툭하게 손질하고 통후추를 빠지지 않도록 3알 정도 잘 박아준다.

02 생강은 껍질을 벗기고 얇게 저민 후 분량의 물에 넣고 끓인 후 면보에 걸러
준다.

03 냄비에 02의 생강물과 황설탕, 설탕을 넣고 녹여준다. 설탕이 녹으면 배를
넣고 살캉하게 익을 때까지 중불에서 끓여준다.

04 작은 접시나 잔에 담아내고 잣으로 장식해낸다.

초콜릿의, 초콜릿에 의한, 초콜릿을 위한 바로 그날

밸런타인데이는 연인의 사랑을 확인하는 날이지만, 요즈음엔 가족이나 직장동료,
365일 초콜릿을 꿈꾸는 아이들에게도 초콜릿 선물을 많이 하곤 합니다.
그래서 받는 사람을 고려해서 알맞는 초콜릿을 준비하는 게 좋아요.

연인에게 보내는 초콜릿을 만들 때엔 부드럽고 진한 맛을 내는 데 몰두하세요!
함께 초콜릿을 나눠 먹으면서 그 맛을 음미하다보면 연인들의 핑크빛 분위기가 더욱 무르익는답니다.
두근두근 초콜릿으로 짝사랑의 마음을 전하거나 이제 막 사귀기 시작한 풋풋한 연인들이라면
하트 모양을 절대 잊지 마세요. 밸런타인데이가 이제는 의외로 흔하게 초콜릿을 받을 수도 있는 날이
돼버려서, 하트가 없다면 보내는 이의 진심이 전달되지 않을지도 모르니까요.

어른들을 위한 초콜릿은 첫째도, 둘째도 정성이 중요합니다. 시중의 판매되는 초콜릿을 사는 대신
조금 서툴더라도 정성이 느껴지도록 핸드메이드 초콜릿을 만들어보세요. 또 너무 단맛을 싫어하시는
어르신들의 입맛을 고려해서 적당하게 당도를 조절해가며 건강한 초콜릿을 만들면 좋을 것 같아요.

아이들에게 선물을 할 때에는 아이들이 좋아하는 동물이나 곤충 모양, 만화 캐릭터 등을 초콜릿 위에
그려주면 환영받을 수 있어요. 초콜릿이 점점이 박힌 과자집 등도 훌륭한 아이디어입니다.

크리스마스나 밸런타인데이 등 겨울에는 유독 초콜릿을 선물할 일이 많지요? 초콜릿은 취향에 따라
다양한 모양으로 만들 수 있는데요. 달콤함에 영양까지 더하고 싶다면 견과류와 건과일로 만드는
판초콜릿을 추천합니다. 이 초콜릿을 만들 때에는 비행접시 모양으로 둥근 초콜릿 판을 얇게 표현해주어야
장식으로 올린 견과류와 건과일이 좀더 돋보입니다. 그렇다고 너무 얇게 만들면 부서질 수도 있으니
나중에 견과류 올릴 것을 생각해서 적당하게 두께를 조절해주세요.

한입에 쏙 들어가는 생초콜릿은 여성들과 아이들에게 특히 인기가 좋은 초콜릿이에요. 생크림을 넣어서
보통의 초콜릿보다 부드럽고 감미로운 맛이 일품이지요. 게다가 정말 만들기 쉬우면서도 포장만 잘 하면
고급스러운 분위기를 낼 수 있는 최고의 선물 아이템이기도 합니다. 또 너무 달지 않고 하나씩 꺼내 먹기
좋아서 남자들도 좋아하기 때문에 밸런타인데이 선물로도 제격이고요. 추운 겨울, 생초콜릿 하나를 입에
넣고 녹이면 어느새 추위는 달아나고 따스한 기운이 온몸 가득 퍼지는 것을 경험할 수 있을 거예요.

특 별 한   밸 런 타 인 데 이 를   원 한 다 면

견과류 판초콜릿

재료
(20개)

다크 커버춰 150g, 견과류(호두, 아몬드, 마카다미아, 피스타치오 등) 1/2컵, 건과일(건파인애플,
건크랜베리 등) 1/2컵

Recipe

01 다크 커버춰는 칼로 잘게 다진다.

02 잘게 다진 다크 커버쳐의 2/3을 중탕으로 녹인다.

03 초콜릿이 중탕으로 녹으면 불에서 내려 나머지 1/3을 넣어 식힌다.

04 도마나 널따란 팬 위에 종이호일을 깔고 식힌 초콜릿을 숟가락으로 떠서
지름 5cm 정도의 원형 모양으로 여러 개 만든다.

05 초콜릿이 굳기 전에 견과류와 건과일을 보기 좋게 올린 후 단단하게 굳을
때까지 서늘한 곳에서 식힌다.

언 제 나   환 영 받 는   고 급 스 러 운   맛
생초콜릿

재료
(30개)

다크 커버춰 200g, 생크림 100g, 버터 40g, 코코아가루 1/2컵

Recipe

01 다크 커버춰는 칼로 잘게 다진다.

02 다진 초콜릿은 중탕으로 녹인 후 버터를 넣고 골고루 섞어준다.

03 02에 중탕으로 따뜻하게 데운 생크림을 부어 골고루 섞어준다.

04 03을 비닐을 깐 사각 틀에 1.5cm 정도의 두께로 부어준 후 냉동실에서 단
   단하게 얼린다.

05 2시간 정도 후에 단단하게 굳은 초콜릿을 꺼내어 한입 크기로 썬 후 코코
   아가루를 겉면에 골고루 발라준다.

카 모 메 식 당 의 그 맛 그 대 로

시나몬 롤

갓 구운 시나몬 롤의 향을 맡아본 적 있나요? 한입 베어 물지 않고는 못 배길 정도로, 시나몬 롤의 향에는
사람을 끄는 마력 같은 것이 있는 것 같아요. 추운 겨울에 꽁꽁 언 바깥 풍경을 바라보면서 조금은
나른하고 여유로운 기분으로 핸드드립 커피를 내릴 때나 천천히 우러나는 홍차를 보고 있을 때면 종종
어디에선가 그 향기가 전해져오는 것 같은 착각에 빠질 때도 있어요. 추운 마음과 몸을 단번에 무장해제
시키는 시나몬 롤의 마법에 지금부터 빠져볼까요?

재료 (8개)

밀가루 강력분 300g, 버터 40g, 달걀 1/2개, 설탕 75g, 드라이이스트 4g, 계핏가루 1작은술, 우유 180g, 덧밀가루 약간, 달걀물 약간

필링: 녹인 버터 30g, 흑설탕 1큰술, 다진 견과류 4큰술, 계핏가루 약간

도구 볼 2개, 거품기, 밀대, 종이호일, 실리콘 붓, 고무주걱

01

오븐은 180도로 예열해두고 버터는 중탕으로 녹인다.

02

볼에 달걀, 설탕, 드라이이스트, 계핏가루를 넣고 골고루 섞어준 후 따뜻하게 데운 우유를 넣고 거품기로 골고루 섞어준다.

03

02에 밀가루를 2번에 나누어가면서 넣고 골고루 섞어준 후 중탕으로 녹인 버터를 2번에 나누어가며 넣고 고무주걱으로 골고루 섞어준다.

04

반죽이 한 덩어리가 되면 덧밀가루를 살짝 뿌려가며 둥글리기를 한 후에 볼에 젖은 행주를 덮어준다. 2배 정도 반죽이 부풀 때까지 1차 발효한다.

05

1차 발효가 끝나면 눌러서 가스를 빼준 후 밀대로 40×30cm의 직사각형 모양으로 민다. 반죽의 가장자리 4cm 정도를 남기고 붓으로 녹인 버터를 발라준 후 그 위에 설탕, 계핏가루 섞은 것을 뿌리고 견과류를 뿌려준다.

06

김밥 말듯이 돌돌 말아준 후 끝을 꼬집듯이 집어서 잘 고정시켜준 다음 사다리꼴로 8등분한다.

07

가운데 부분을 덧밀가루를 묻힌 젓가락으로 꾹 눌러준 후 종이호일을 깐 오븐 틀에 올려준다.

08

물기를 꽉 짠 젖은 행주를 올리고 따뜻한 곳에서 30분 정도 2차 발효를 한 후 달걀물을 바르고 180도 오븐에서 13분 정도 구워준다.

분 위 기   있 는   나 만 의   홈 카 페

초코칩 쿠키와 인스턴트 모카

연말과 신년의 들뜬 분위기에 휩쓸려 정신없이 계절을 보내다보면 문득 잠시 멈추고 싶을 때가 있어요.
조용히 지금의 시간을 되돌아보며 혼자만의 분위기 있는 시간을 갖고 싶을 때, 나만의 홈카페 메뉴로
소박한 쿠키와 커피를 준비해보는 건 어떨까요? 바로 '나에게 보내는 계절의 선물'이지요. 흔하게 접할 수
있는 메뉴이지만, 나만을 위한 시간을 선물한다고 생각하면 좀더 특별하게 느껴지지 않을까요?

초코칩 쿠키

재료
(16개)

밀가루 박력분 150g, 버터 100g, 황설탕 120g, 소금 2g, 달걀 1개, 베이킹파우더 4g,
초콜릿칩 80g

01 오븐은 160도로 예열해두고, 버터는 냉장고에서 꺼내어 실온에서 녹인다.
가루재료(밀가루, 베이킹파우더)는 체에 한 번 쳐서 준비한다.

02 볼에 버터와 황설탕을 조금씩 넣어가면서 크림상태로 만든다.

03 거품기로 계속 저어가며 달걀을 넣고 골고루 섞어준 후 소금을 넣고 다시
한 번 잘 섞어준다.

04 03에 체에 친 가루재료와 초콜릿칩을 넣고 고무주걱으로 칼로 자르듯이 잘
섞은 후 30분간 냉장고에서 휴지시킨다.

05 오븐 팬에 종이호일을 깔고 휴지시킨 반죽을 한 숟가락씩 떠서 5cm 간격
으로 올린다. 넓게 펴준 다음 160도 오븐에서 15분 정도 굽는다.

인스턴트 모카

우유 4컵, 인스턴트 커피 6큰술 혹은 에스프레소 샷 4잔, 다크 판초콜릿 2개, 따뜻한 물 6큰술

01 우유는 따뜻하게 데우고, 다크 판초콜릿은 칼로 작게 자른다.

02 에스프레소 샷 4잔을 준비하거나 인스턴트 커피를 뜨거운 물에 진하게 녹인다.

03 우유와 02를 믹서에 넣고 거품이 나도록 3분간 돌려준 후 다크 판초코릿을 넣고 잘 섞어준다.

04 따뜻하게 데운 컵에 담아낸다.

언제나처럼 As ever

때가 되면 어김없이 다가오는 계절이지만
매번 새롭게 느껴지는 것은 왜일까요?

모든 것이 변하는 것처럼 이 계절과 자연의 모습도 몇 번이고 옷을 갈아입고
결국은 돌고 돌아 새로운 모습으로 다가올 것임을 우리는 압니다.
언제나처럼 새롭게 시작하는 그곳에 당연한 듯 순환의 법칙이 숨어 있어요.

의식하지 않아도 생활을 아름답게 가꾸다보면,
어느새 이 계절을 만끽하는 자신을 발견하게 될 거예요.

정 월 대 보 름 에 남 은 견 과 류 로 만 드 는

견과류 오트밀바

오트밀바는 바빠서 끼니를 챙기기 어려울 때나 야외에서 식사대용으로 자주 찾게 되는 음식이에요.
아몬드와 캐슈너트 등 고소한 견과류와 건포도, 건블루베리 등의 건과일을 함께 섞어 만들면 영양은 물론
맛까지 더욱 좋아진답니다. 정월대보름에 먹고 남은 견과류나 샐러드 장식을 하고 남은 견과류, 건과일
등을 손쉽게 처리할 수도 있으니 편리하기도 하고요. 집 안에 남은 재료들을 모아서 근사한 오트밀바로
변신시켜보세요!

재료 오트밀 1컵, 아몬드 1/2컵, 캐슈너트 1/2컵, 피스타치오 1/4컵, 해바라기씨 1/2컵, 건포도 1/4컵,
소금 약간, 설탕 5큰술, 올리고당 5큰술

01 오트밀, 아몬드, 캐슈너트, 피스타치오, 해바라기씨를 모두 마른 프라이팬
에 넣고 노릇하게 볶아준다.

02 견과류가 노릇해지면 프라이팬 한쪽에 설탕과 올리고당을 넣고 설탕이 녹
을 때까지 바글바글 끓여준다.

03 시럽이 끓으면 불을 끄고 견과류와 함께 골고루 섞은 후 소금과 건포도를
넣고 다시 한 번 골고루 섞어준다.

04 03을 트레이에 길쭉하고 납짝하게 모양을 잡아 부은 후 냉동실에서 2시간
정도 굳힌다.

05 단단하게 굳으면 적당한 크기로 썰어준다.

지친 몸에 비타민을 보충하고 싶을 때

사과차와 귤차

겨울엔 아무래도 사과와 귤 같은 과일을 오랫동안 쌓아두고 먹을 일이 많은데요. 어쩌다보면 시간이
너무 지나서 과일들이 제맛을 잃을 때가 있어요. 이럴 땐 억지로 먹거나 버리기 보다는 꿀이나 설탕을 넣고
차로 만들어 저장하면 좋아요. 만드는 김에 조금 많이 준비해서 병에 조금씩 담아 지인들에게 선물하면
인기 만점이고요. 따뜻하고 달달한 차를 찾게 되는 겨울, 잠긴 목을 풀어주고 지친 몸에 비타민을 보충해줄
수 있는 최고의 방법입니다.

귤차

재료 귤 12개, 올리고당 2컵

01 유리병은 소독해서 준비한다.

02 귤은 껍질째 깨끗이 씻은 후 찬물에 30분간 담가 남아 있는 농약을 제거한
다음 끓는 물에 한 번 데쳐 헹군다.

03 귤의 물기를 제거하고 0.5cm 굵기로 편 썬다. 소독한 병에 올리고당과 함
께 켜켜이 재운 후 밀봉하여 상온에서 보관한다.

04 일주일 정도 숙성시킨 후 냉장보관한다.

사과차

재료 사과 2개, 설탕 1컵, 계핏가루 약간

01 유리병은 소독해서 준비한다.

02 사과는 껍질째 깨끗이 씻어 끓는 물에 10초간 데친 후 꺼내어 생수에 30분
간 담가 남아 있는 농약을 제거해준다.

03 사과의 물기를 제거하고 8등분하여 씨를 제거한 후 0.3cm 폭으로 얇게 자
른다. 볼에 넣고 설탕, 계핏가루와 함께 골고루 버무린다.

04 30분 정도 버무려 물기가 배어나오면 냄비에 넣고 사과가 반 정도 익을 때
까지 약한불에서 잘 저어가며 10분 정도 끓인다.

05 소독한 병에 담은 후 밀봉하여 실온에서 3일 정도 숙성시킨 후 냉장고에서
다시 3일 정도 숙성시켜준다.

어느 완벽한 겨울날 ◇◇◇◇◇◇◇◇

창문을 깨끗하게 닦았어요. 눈이 내리는 모습을 또렷하게 보고 싶어서요.
식탁보를 바꿨습니다. 따뜻한 계절감이 느껴지는 코코아색의 모직물이에요.
식탁 위 창가가 허전하지 않도록 유리병엔 작은 꽃 한 다발을 꽂았습니다.
눈이 오려는지 날이 흐리네요. 촛불도 함께 켜둘까요?
갓 구운 따뜻한 쿠키를 접시에 담아 식탁 위에 올려둡니다. 커피를 한 잔 타야겠어요.
뜨거운 커피를 마시며 창밖을 바라봅니다.

드디어, 기다리던 눈이 내리기 시작합니다.

계절의 선물

©문인영 2012

초판 인쇄	2012년 11월 30일
초판 발행	2012년 12월 15일

지은이	문인영
펴낸이	김정순
책임편집	이은정
디자인	김수진
마케팅	김보미 임정진 전선경
요리 어시스트	김가영 이효정
그릇 협찬	무겐(www.mugenmall.com)
장소 협찬	백두산 주말농장(011-679-3342)
펴낸곳	㈜북하우스 퍼블리셔스
출판등록	1997년 9월 23일 제406-2003-055호

주소	121-840 서울시 마포구 서교동 395-4 선진빌딩 6층
전자우편	editor@bookhouse.co.kr
홈페이지	www.bookhouse.co.kr
전화번호	02-3144-3123
팩스	02-3144-3121
ISBN	978-89-5605-607-4 (13590)

이 도서의 국립중앙도서관 출판시도서목록(CIP)은 e-CIP 홈페이지(http://www.nl.go.kr/ecip)와 국가자료공동목록시스템(http://www.nl.go.kr/kolisnet)에서 이용하실 수 있습니다.
(CIP제어번호 : 2012005418)